AF550523

DIRK KREUTER

MIT CHRISTIAN SCHOMMERS

ATTACKE!

Mein Weg zum Erfolg

DIE OFFIZIELLE BIOGRAFIE

DIRK KREUTER

MIT CHRISTIAN SCHOMMERS

Mein Weg zum Erfolg

Bibliografische Information der Deutschen Nationalbibliothek
Die Deutsche Nationalbibliothek verzeichnet diese Publikation in der Deutschen Nationalbibliografie. Detaillierte bibliografische Daten sind im Internet über http://dnb.d-nb.de abrufbar.

Für Fragen und Anregungen
info@m-vg.de

Originalausgabe, 2. Auflage 2023

Türkenstraße 89
80799 München
Tel.: 089 651285-0
Fax: 089 652096

Inhaltliche Realisation:
Borgmeier Media Gruppe GmbH
Lange Straße 112
D - 27749 Delmenhorst
Tel.: +49 4221 93450
www.borgmeier.de

Co-Autor: Christian Schommers
Redaktion: Frank Nussbücker
Lektorat: Jette Frantz, Jan Zumholz

Korrektorat: Anne Büntig
Umschlaggestaltung: Manuela Amode
Umschlagabbildung: BV Bestseller Verlag GmbH
Satz: ZeroSoft, Timisoara
Druck: GGP Media GmbH, Pößneck
Printed in Germany

ISBN Print 978-3-95972-754-9

Weitere Informationen zum Verlag finden Sie unter

www.finanzbuchverlag.de

Beachten Sie auch unsere weiteren Verlage unter www.m-vg.de

Inhalt

»Es gibt zwei Arten von Menschen: die, die rausgehen und sich holen, was sie haben wollen, und all die anderen.«

Dirk Kreuter

Prolog – aus dem Burj Khalifa

Von meiner großen Fensterfront im 97. Stock aus schaue ich hinunter auf die Skyline von Downtown Dubai, den Strand und das Meer. Ich liebe diesen Ausblick und genieße es, genau an diesem Ort zu sein – inmitten jener 3,5-Millionen-Metropole am Persischen Golf, der modernsten Megacity auf diesem Planeten. Einst war Dubai ein Fischerdorf am Rande der Wüste, doch heute blicke ich fast ausschließlich auf Wolkenkratzer. Jeder Quadratzentimeter hier atmet Erfolg, irre schnelles Wachstum, boomendes Business ohne Ende. Zu alledem habe ich das ganze Jahr über ein Gefühl von Sonne auf nackter Haut, was ich jeden Tag aufs Neue als inspirierend für mein Leben und meine Mission empfinde. In ganz jungen Jahren wollte ich übrigens Surflehrer werden, aber davon später mehr.

Hätte mich vor fünf Jahren jemand gefragt: »Wie sieht's aus, Dirk, wann schreibst du deine Biografie?«, hätte ich erwidert: »Das mache ich mit 70. Ich habe doch noch gar nichts zu erzählen.« Mittlerweile sieht das ganz anders aus.

Ich wohne im Burj Khalifa, dem spektakulärsten Ort in dieser pulsierenden Mega-Boomtown. Mit seinen 829,8 Metern ist der fantastisch eingerichtete Tower seit 15 Jahren das höchste Gebäude der Welt. Hier gibt es alles – angefangen beim 5-Sterne-Hotel inklusive höchstgelegenem Restaurant der Erde, perfekten Komfort mit direkter Verbindung zur weltweit größten Einkaufsmall und sagenhafte Sonnenterrassen. Für mich ist es der geilste Platz zum Leben!

Mein Unternehmen mit Hauptsitz in Bochum führe ich zum Großteil remote von Dubai aus. Mittlerweile beschäftige ich mehr als 150 Mitarbeiter und denke über eine eigene Netflix-Doku über mich und mein Leben nach. Mein nächstes großes Ziel: 2023 sollen meine Unternehmen über 100 Millionen Euro Auftragseingang einfahren.

Es gibt auf diesem Planeten nur zwei Menschen mit einem vergleichbaren Geschäftsmodell, die mehr Umsatz machen. Einer von ihnen ist der US-Amerikaner Tony Robbins. Er ist seit 40 Jahren als Trainer der absolute Weltmarktführer. Außerhalb der USA müsste ich in unserer Branche derjenige mit den größten Marktanteilen sein. Wo stünde ich heute, wenn ich seit 30 Jahren auch im englischsprachigen Business unterwegs wäre? Das ist eine spannende Denkaufgabe – auch sie hätte ich mir vor fünf Jahren nicht zu stellen gewagt.

Lange Zeit sah ich mich vor allem in der Rolle des Verkaufstrainers, seit 2018 halte ich den Weltrekord für das größte Verkaufstraining auf diesem Planeten. Im selben Jahr geschah jedoch noch etwas anderes, das mein Leben verändern sollte: Es gab eine angedachte Kooperation mit dem Rapper Felix Blume alias Kollegah. Er ist eine Ikone in seinem Metier, und seine Zielgruppe ist einfach riesig. Sie besteht vor allem aus jungen Menschen, vornehmlich Männern. Die sahen nun mich und sagten sich: »Okay, der Typ ist 50, hat graue Haare und einen geilen Lifestyle. Er ist reich, lebt in Dubai – der *muss* was können!«

Viele dieser jungen Menschen stellten mir Fragen wie: »Soll ich zu Hause ausziehen?«, »Soll ich lieber Abitur machen und studieren oder eine Lehre anfangen?«, »Soll ich mit meiner Freundin Schluss machen, weil ich nur noch unglücklich bin?«, »Ich kann mich oft nicht motivieren, wie kriege ich das besser hin?«, »Dirk, was würdest du anders machen, wenn du heute noch mal 18 wärst?«.

Meine spontane Antwort wäre eigentlich gewesen: »Leute, dafür fehlt mir die Kompetenz. Ich bin Verkaufsexperte, okay?«

Aber so kam ich aus dieser Nummer nicht heraus. Schlagartig wurde mir klar, dass ich für diese jungen Menschen ein Vorbild darstelle. Das war zwar nie meine Absicht gewesen, aber nun musste ich mich dem stellen. Also drehte ich das Video *Was ich meinem 18-jährigen Ich raten würde*, das innerhalb kürzester Zeit über 100.000 Views verzeichnete. Dazu veröffentlichten wir ein Buch mit dem gleichen Titel. Das war gewissermaßen meine Geburtsstunde als Mentor.

Sylvester Stallone prägte den Ausspruch: »Name above title!« Das bedeutet: Es ist im Grunde völlig egal, wie der Film heißt und worum es darin geht. Die Leute strömen ins Kino, weil Sylvester Stallone mitspielt. Genau das erlebe mittlerweile auch ich. Es geht nicht mehr darum, was ich auf der Bühne sage, entscheidend ist, dass Dirk Kreuter da oben auf dem Podium spricht.

Ich bin Mentor für Unternehmer und Selbstständige, dazu in eigener Person Unternehmer und Investor. Meine Firma arbeitet konsequent an der Internationalisierung: Das Kerngeschäft sitzt wie gesagt in Bochum – im Exzenterhaus, dem höchsten und modernsten Bürogebäude des Ruhrgebiets. 2019 bezog ich mit meiner Frau Yessi die Wohnung hier im Burj Khalifa. Das war übrigens ihre Idee. Nach einer Besichtigung dieses Towers sagte sie: »Man kann nicht in Dubai leben, wenn man nicht mindestens einmal ein Jahr im Burj Khalifa gewohnt hat.«

Ich selbst bin ja eher der Strand-und-Meer-Typ, daher wollte ich eigentlich gar nicht hierher – und heute feiere ich diese Entscheidung.

Noch in diesem Jahr eröffnen wir einen Firmensitz in Singapur. Damit steht unsere Achse Deutschland – Dubai – Asien. Europa befindet sich aus meiner Sicht politisch wie wirtschaftlich im Sinkflug, und auch die USA werden diesen wohl antreten müssen. Middle East hingegen legt weiter enorm zu. Dubai war der Weckruf für diese Länder, und Singapur ist das Tor nach Asien. Die Menschen hier sind viel hungriger, quasi jeden Tag entstehen und wachsen hier riesige Märkte. Genau deshalb orientiere ich mich nicht nach Westen, sondern gen Osten.

Ich bin davon überzeugt, dass meine Unternehmen dieses Jahr die 100 Millionen Euro Auftragseingang knacken werden. Es ist also höchste Zeit, schon jetzt das nächste Ziel anzuvisieren. Bei alledem bleibt die Frage: Wie kam es eigentlich zu dieser irren Entwicklung – warum residiere ich heute unter der Sonne, im 97. Stock des derzeit höchsten Bauwerks dieses Planeten? Um sie zu beantworten, führt uns die Reise weder nach Dubai noch nach Singapur. Wir müssen ganz an den Anfang gehen, zurück nach Deutschland – ins Sauerland des letzten Jahrhunderts, ja des letzten Jahrtausends.

Kapitel 1

Als mir Geld noch ziemlich egal war

Ein geplatzter Traum bringt mich nach vorn

Geboren wurde ich am 30. September 1967, im Sternzeichen Waage, in Neuss am Rhein. Ich war nicht geplant, sondern das, was man gemeinhin einen »Unfall« nennt. Für meine Eltern bedeutete das: Es wird geheiratet! Meine Mutter war 18, mein Vater 23. Beide hatten genug mit sich selbst zu tun, deshalb wuchs ich in meinen ersten Lebensjahren bei meiner Oma Christel auf. Sie wohnte ebenfalls in Neuss und war eine sehr herzliche Person – so, wie eben nur eine Oma sein kann. In jedem Fall sorgte sie supergut für mich. Noch heute denke ich sehr gern an ihre Kochkünste. Kartoffelpüree mit Iglo-Rahmspinat – der mit dem Blubb –, dazu weichgekochte Eier und ein großes Glas Milch ist nach wie vor eines meiner absoluten Lieblingsgerichte.

Als ich 5 war, zogen meine Eltern mit mir ins Sauerland. Dort gab es jede Menge Grün, sanfte und weniger sanfte Mittelgebirgshügel, tiefe Wälder und kristallklare Stauseen. Kinder lieben die Natur, da machte ich keine Ausnahme. Auf Bäume klettern, Hütten und Hochsitze bauen oder an Bächen Staudämme errichten, das war nun meine Welt. Und ich spielte gerne allein. Ich war ein Einzelkind, was für mich nie ein Problem darstellte, im Gegenteil. So lernte ich schon früh, Zeit nur mit mir zu verbringen, ohne mich dabei einsam zu fühlen. Genau das können viele Menschen in der heutigen Zeit nicht oder nicht mehr. Für mich dagegen sind solche Phasen extrem wichtig. Ich brauche das Alleinsein mit mir, um meine Akkus wieder aufzuladen, neue Energie zu tanken.

Mein Vater war Autoverkäufer, später Immobilienmakler. Machte er einen Deal, hatten wir viel Geld und lebten ausgesprochen gut. In Spitzenzeiten besaß mein Vater zwölf Autos. Er war ein echter Auto-Freak. Mercedes, Mini, Range Rover, BMW und Porsche zählten zu seinen bevorzugten Marken. Aber es konnte auch passieren, dass er mehrere Wochen, ja sogar Monate kein Geschäft abschloss. Dann lebten wir von dem Geld, das meine Mutter als Sekretärin in der Verwaltung eines Krankenhauses verdiente.

Ich kannte es nicht anders, und auch diese Erfahrung prägte mein Leben. Es war für mich völlig normal, dass es Zeiten gab, in denen nur sehr wenig Geld da war. Ich wusste, dass dem Zeiten folgen würden, in denen wir wieder viel Geld haben würden. Das Ganze konnte von einem Tag auf den anderen umschlagen, im wahrsten Sinne des Wortes über Nacht.

Ich war 9, als wir an der Côte d'Azur mit dem Wohnwagen Urlaub machten. Eines Abends fuhren meine Eltern ins Spielcasino. Am nächsten Morgen nach dem Frühstück sagte meine Mutter zu mir: »Pack deine Sachen zusammen, wir reisen ab.«

»Wieso das denn?«, fragte ich enttäuscht, »wir sind doch erst eineinhalb Wochen hier, warum reisen wir da jetzt schon ab?«

Die Antwort war simpel: Meine Eltern hatten am Abend 25.000 Mark am Roulettetisch gewonnen. Die Hälfte davon kassierte meine Mutter als gewissenhafte Kassenwartin ein, die andere Hälfte gaben wir aus. Das hieß: Wir reisten nicht ab, sondern zogen um nach Monte Carlo ins Holiday Inn, wo wir den Rest der Ferien verbrachten. Die Zeit dort war einfach ein absoluter Traum. Hier lernte ich übrigens schwimmen.

Bei meinem Vater beobachtete ich eine hohe Risikobereitschaft, und ich sah, dass es funktionierte. Das führte dazu, dass ich im Laufe meines Lebens immer wieder wirtschaftliche Risiken einging. Zum einen wusste ich, dass ich notfalls auch mit 500 Mark im Monat über die Runden komme. Zum anderen besaß ich dank meiner Erfahrungen aus der Kindheit das folgende Mindset: »Ich bin nicht arm – ich bin nur gerade pleite!« Diese Einstellung gab mir mein Vater mit. So wuchs ich definitiv nicht in einer typischen Angestelltenfamilie heran, für mich waren wir immer Selbstständige. Und das war auch gut so!

Mein Vater lebte das Risiko, meine Mutter stand fürs Solide. Nicht nur im Urlaub passte sie streng aufs Geld auf. Was mich betraf, achtete sie auf Genauigkeit und darauf, dass ich ordentlich angezogen war, gute Tischmanieren an den Tag legte, meine Hausaufgaben erledigte, mein Zimmer aufräumte. Bekanntlich sind das alles Dinge, die einem heranwachsenden jungen Mann nicht gerade am Herzen liegen.

Mein Vater dagegen war ein richtiger Lebemann. Er stand für Freiheit, Abenteuer und das erwähnte Risiko. Das war genau meine Kragenweite! Dementsprechend entwickelte sich mein Empfinden gegenüber beiden Eltern. Spätestens ab der Pubertät war mir klar, dass das Verhältnis zu meiner Mutter nicht das beste war.

Ich war 13, als sich die beiden trennten. Als meine Mutter daraufhin auszog, empfand ich das geradezu als eine Befreiung. Auf einmal waren all die Regeln und das Gewissenhafte verschwunden. Mein Vater achtete im Prinzip nur darauf, dass ich nicht auf die schiefe Bahn geriet, und ließ mir ansonsten jede Freiheit. Das war einfach nur cool! Heute habe ich ein prima Verhältnis zu meiner Mutter, aber damals stand sie bei mir für alles, was mit »Verboten« zu tun hatte. Als sie auszog, machte ich ehrlich gesagt drei Kreuze.

Von nun an genoss ich mein Leben erst recht in vollen Zügen. In der Schule machte ich nur noch so viel, dass ich halbwegs durchkam. Unteres Mittelfeld, das reichte mir vollauf. Mathe würde ich ohnehin nicht brauchen in meinem Traumberuf –

der auch eine Menge mit meinem Vater zu tun hatte. Er war ein sportbegeisterter Typ und führte mich seit früher Kindheit an verschiedene sportliche Disziplinen heran. Mit 6 Jahren lernte ich Skilaufen. Seit ich 10 war, spielte ich Fußball. Nicht organisiert im Verein, sondern ich trat zusammen mit ein paar Jungs gegen den Ball. Was diese Sportart angeht, war ich eher ein Mitläufer. Mein Vater begeisterte sich für Borussia Mönchengladbach, also übernahm ich das irgendwie. Allerdings wurde Fußball nie wirklich meine Nummer 1.

Die erste Sportart, die ich wirklich liebte, war das Windsurfen. Das war mit 12, und es war keineswegs Liebe auf den ersten Blick. Es brauchte eine gewisse Zeit mit dem Surfen und mir. Im zweiten Jahr war ich schon recht gut, und bald machte es mir riesigen Spaß. Das Windsurfen prägte meine Zeit von 13 bis 16 wie nichts anderes.

Als meine Mutter auszog, begann meine große Windsurfer-Phase. Mein Vater und ich surften auf dem Biggesee im Sauerland, waren auf Sylt, auf Fuerteventura, am Mittelmeer. Egal, wo wir hinkamen, immer hieß es: Surfen, surfen, surfen! Sonne, Meer und Wassersport waren für mich der Inbegriff von Freiheit und einem geilen Lebensgefühl.

Von meinem überaus bescheidenen Taschengeld kaufte ich überdies jede Menge Surfmagazine und lernte sie auswendig. Schnell war mir klar, dass ich Surflehrer werde. Dieser Entschluss führte allerdings dazu, dass ich noch weniger für die Schule lernte. Dachte ich doch: »Wenn ich später mal Surflehrer bin, brauche ich das alles eh nicht, also verschwende ich meine Zeit nicht mit all dem unnützen Zeug!« Immerhin, ich blieb nie sitzen.

Ende der 9. Klasse sagte mein Vater: »Wir ziehen nach Fuerteventura.« Da war ich natürlich sofort dabei. Wir packten unsere Sachen ins Auto, Vater nahm mich mehrere Wochen vor den Sommerferien aus der Schule raus. Was für ein »Verlust«! Von nun an bestand mein Alltag darin, jeden Tag auf dem Surfbrett zu bestehen. Täglich Strand, Sonne und Wellen, was für ein geiles Leben! Am Ende der Sommerferien meinte mein Vater jedoch: »Du musst zurück nach Deutschland und die Schule beenden.«

Das war das Letzte, was ich wollte. Ich fiel aus allen Wolken, Fuerteventura war das Paradies! Aber es war nichts zu machen, ich reiste ab und wohnte wie früher bei meiner Oma. Neue Schule, neuer Freundeskreis. Ich brachte meine schulische Karriere halbwegs ordentlich zum Abschluss.

Aus meinem Berufswunsch, Surflehrer zu werden, wurde dennoch nichts, aus einem einzigen, überaus simplen Grund: Die entsprechende Ausbildung hätte 10.000 Mark gekostet. Die hatte ich nicht, und meine Eltern wollten mir das Geld nicht geben. Das war echt hart! Da hatte ich nun die zehnte Klasse abgeschlossen, die Schule endlich hinter mir – und wusste nicht, was ich tun sollte.

Blicke ich heute auf diese Zeit zurück, sehe ich zwei Learnings: Zum Ersten hätte ich mich viel früher mit meinem Berufswunsch beschäftigen sollen. Mit 13, 14, 15 Jahren hätte ich verschiedene Dinge ausprobieren können, um mit 16 die wichtigen Entscheidungen zu treffen.

Zweitens hätte ich damals einen Mentor gebraucht. Einen erfahrenen Menschen, der gesagt hätte: »Du willst Surflehrer werden? Na, dann los, *arbeite* einfach als Surflehrer, ohne Zertifikat!«

In Deutschland herrscht mitunter bis heute der feste Glaube, dass du erst was bist, wenn du das entsprechende Zertifikat in der Tasche hast. Völliger Bullshit! Du kannst fast alles werden und in fast jedem Beruf erfolgreich sein, auch ohne einen auf Papier gedruckten Abschluss.

Hätte mir damals dieser Mentor gesagt: »Wenn es dein Traum ist, dann *werde* einfach Surflehrer. Du beherrschst die Sportart und kannst mit Menschen umgehen – das ist *alles*, was du brauchst, um ein guter Surflehrer zu sein.«

Ich bin sicher, ich hätte genau diesen Rat befolgt und meinen Traum in die Tat umgesetzt. Auf Fuerteventura hatte ich ja schon erfolgreich in einer Surfschule gearbeitet. Aus dieser Erfahrung heraus wusste ich, dass das genau mein Ding ist.

Die Liebe zu Sonne und Strand, zum Meer mit seinen Wellen und zum Wassersport zieht sich durch mein ganzes Leben. Sie war mein Hauptgrund, nach Dubai zu gehen. Ich friere nun mal nicht gerne und mag es, braungebrannt zu sein. Ich mag Sonne auf nackter Haut und verbrächte mein komplettes Leben liebend gern in Flip-Flops, Shorts und T-Shirt. Und ich mag körperliche Betätigung, brauche den Sport, am liebsten unter der Sonne in freier Natur. Ja, es ist schade, dass es damals niemanden gab, der mich beiseitenahm und sagte: »Los, Dirk, *mach* das einfach!« Aber so weit kam ich damals nicht, und so sollte ich erst mal noch eine ganze Menge lernen, bevor ich wirklich in die Sonne und ans Meer zog.

Bring deine Mission ins Ziel! Aufgeben ist keine Option

Mit 17 zog ich zu Hause aus. Niemand hatte mich rausgeworfen, diese Entscheidung kam einzig und allein von mir. Ich wollte nicht mehr zu Hause wohnen, sondern auf eigenen Beinen stehen. Mein Vater lebte in der Schweiz, meine Mutter in Düsseldorf, und ich zog fürs Erste zu einem Freund ins Sauerland. Meine Oma war gestorben, als ich 16 war.

Um mein Leben zu finanzieren, suchte ich nach Arbeit in der Industrie. Ich klapperte rings herum alle Unternehmen ab und wurde schließlich fündig. In einem metallverarbeitenden Betrieb hievte ich Stahlfässer vom Band und stapelte sie auf die Ladeflächen von Lkws. Das war mein erster Job, und ich hatte Spaß daran. Noch heute besitze ich meine allererste Lohnabrechnung, so weiß ich schwarz auf weiß: Ich verdiente 900 Mark, netto.

Von meinem Gehalt mietete ich eine kleine Wohnung. Ein Auto war noch nicht drin, also joggte ich jeden Morgen die etwa

10 Kilometer bis zur Fabrik. Mein Weg zur Arbeit diente mir als Trainingseinheit. Auf dem Rückweg nahm mich ein Kollege im Auto mit. Viele Leute sagen jetzt sicher: »Oh, du Armer, da hast du es aber schwer gehabt!«

Dazu kann ich nur mit dem Kopf schütteln, denn ich selbst habe das nie so empfunden. Im Gegenteil, auch diese Erfahrung wurde ein wichtiger Bestandteil meines Mindsets: Mit 17 Jahren daheim auszuziehen, bedeutete für mich vor allem eines: Freiheit. In der Fabrik arbeiten hieß: Ich verdiente mein eigenes Geld, um diese Freiheit auch zu leben.

Morgens zur Arbeit zu laufen, war nicht immer ein Zuckerschlecken, gerade im Winter und im Sauerland. Hier im Mittelgebirge lag in den 1980ern zumeist viel Schnee, und meine Schicht begann in aller Frühe. Trotzdem bewertete ich meine Situation nie negativ. Auch diese Einstellung bewahre ich mir bis heute. Die Umstände, unter denen du gerade lebst, bestimmen nicht dein Leben. Das einzig Entscheidende ist, was *du* unter den gegebenen Umständen aus deinem Leben machst.

Im September 1985 wurde ich 18. Das war ein spannendes Alter. In der Fabrik darfst du nämlich erst ab 18 Jahren Akkordarbeit leisten, und das war mal wieder genau mein Ding. Ich wurde Schweißer, schweißte Tresore am Fließband. Im Akkord gab es dafür 16,20 Mark die Stunde. Das war fast das Doppelte von dem, was ich vorher verdient hatte – Jährige an der Maschine neben mir – einzig aufgrund meiner Leistung. Auch das prägte mich fürs Leben. Damals wie heute will ich für meine Leistung bezahlt werden. Ich möchte mein Geld nicht einfach nur dafür bekommen, dass ich ein Mann bin, ein bestimmtes Alter und einen gewissen Bildungsabschluss aufzuweisen habe. Ich will nur für meine Leistung bezahlt werden. Und ist die bestens, ernte ich natürlich auch gerne die Früchte.

Eineinhalb Jahre arbeitete ich als Schweißer, verdiente 1.800 Mark netto und kaufte mir mein erstes Auto: einen VW Bulli, 15 Jahre alt, ohne Heizung und ohne Handbremse. Nicht das Neueste vom Neuesten, aber mein erster eigener Wagen. Wow! Überhaupt leistete ich mir von meinem Gehalt etliche Dinge, die sich andere 18-Jährige nicht kaufen konnten.

Schließlich kam der Moment, an dem ich mich fragte: »Was willst du eigentlich von deinem Leben?« Mein Gehalt war top, aber wollte ich ein Leben lang in der Fabrik arbeiten? Nein, das wollte ich nicht, allein schon meiner Gesundheit zuliebe. Stehst du tagein, tagaus bei den Schweißrobotern, atmest du jede Menge giftige Dämpfe ein. Zwar gab es da eine Abzugshaube, aber ich bekam ja mit, wie die Kollegen aussahen, die schon länger dabei waren. Die wirkten alle zehn Jahre älter, als es ihrem biologischen Alter gebührte. Deshalb beschloss ich: Nein, das kann es nicht sein!

Ich fing an, mich um einen Ausbildungsplatz zu bewerben, zunächst als Industriekaufmann, dann als Kaufmann in der Grundstücks- und Wohnungswirtschaft, als Bankkaufmann und schließlich als Kaufmann im Groß- und Außenhandel. Ich hatte weder Abitur, noch konnte ich mit einem super Zeugnis punkten. Insgesamt verschickte ich exakt 120 Bewerbungen, und eine Ablehnung folgte der nächsten.

Heute würde ich das komplett anders handhaben, aber damals glaubte ich an das althergebrachte System, das wie folgt aussah: Schule, Ausbildung, Karriere – alles schön der Reihe nach wie Frühstück, Mittagessen, Abendbrot.

Das ist aber völliger Bullshit! Eines meiner erfolgreichsten Videos auf YouTube heißt Das wichtigste Video deines Lebens – der Weg zum Traumberuf. Ich drehte es 2016, und seine Message lautet: »Leute, hört auf, Bewerbungen zu verschicken – das ist dämlich!« Viel besser ist es, seine Berufswahl wie ein Verkäufer anzugehen. Schließlich musst du dich als zukünftige Arbeitskraft so verkaufen, dass der potenzielle Arbeitgeber sagt: »Na klar, den nehme ich, denn der Typ ist top!«

Kein einziger guter Verkäufer auf dieser Welt würde sein Angebot an 100, geschweige denn an 200 Firmen verschicken. Ein

Verkäufer *beschäftigt* sich zunächst einmal mit dem von ihm anvisierten Unternehmen. Dann ruft er dort an und spricht mit dem Entscheider. Genau das Gleiche machst du im Grunde auch, wenn du eine Freundin erobern, ein Buch veröffentlichen – oder eben einen Job ergattern willst. Du nimmst das Telefon in die Hand und rufst den Entscheider an. Deine schriftliche Bewerbung kannst du dann immer noch zum Vorstellungsgespräch mitbringen.

Aber so weit war ich Mitte der 1980er eben noch nicht. Nur eines wusste ich: Hätte ich keinen Ausbildungsplatz bekommen, wäre ich vermutlich in der Fabrik geblieben. Aber die 120. Bewerbung traf ins Schwarze – und auch hier verhalf mir am Ende nur ein glücklicher Zufall zum Erfolg. Dem von mir angeschriebenen Heizungs- und Sanitärgroßhandel war gerade ein Azubi abgesprungen, so bekam ich den Job.

Der Beginn meiner Ausbildung bedeutete für mich auch, dass aus monatlich 1.800 Mark netto, eigener Wohnung und Auto auf einen Schlag nur noch 550 Mark netto wurden. Jemanden anzupumpen, um meinen Lebensstandard zu halten, kam für mich nicht infrage. Damit hätte ich mich abhängig gemacht. Warum war ich denn zu Hause ausgezogen? Weil ich frei sein wollte. Außerdem wusste ich dank meiner im Elternhaus gesammelten Erfahrungen, dass über einen gewissen Zeitraum hinweg auch wenig Geld reicht.

Ich verkaufte mein Auto und gründete zusammen mit einem Freund eine WG. Mein Zimmer kostete 150 Mark, die restlichen 400 Mark mussten eben zum Leben reichen: Zeitung, Essen, Trinken, zweimal im Jahr ein bescheidener Urlaub.

Auch das zieht sich wie ein roter Faden durch mein Leben: Ich war mir nie zu schade, ein oder zwei Schritte zurückzugehen – um Anlauf zu nehmen und anschließend viel weiter zu springen und nach vorn zu marschieren.

Das mit dem Zurückgehen ist hier durchaus wörtlich zu verstehen. Während meiner Lehre nahm mich zwar morgens jemand in seinem Auto mit, aber täglich nach Feierabend packte ich meine Klamotten in einen Rucksack und lief meine 14 Kilometer bis nach Hause. Das Ganze im Sauerland, wo es gerne rauf und runter geht. Und einmal mehr brachte mich dieser auf den ersten Blick mühselig anmutende Umstand einen guten Schritt näher dorthin, wo ich heute bin.

In dieser Phase meines Lebens erlebte eine hierzulande bis dahin weitgehend unbeachtete Extremsportart einen regelrechten Boom. Triathlon heißt das Ganze und besteht aus den Disziplinen Schwimmen, Radfahren und Laufen. Bereits als 15-Jähriger hatte ich im Playboy meines Vaters einen Artikel über einen Triathleten gelesen. Es war meine erste Begegnung mit diesem Sport.

Jenen knallharten Einzelgänger, der ein bisschen wie einer von den Navy Seals wirkte, fand ich megacool. Die Figur des Lonesome Cowboy hat mich schon immer beeindruckt, und genau zu denen zählten für mich Triathleten: Leute, die eine verdammt hohe Eigenverantwortung tragen und das, was sie erreichen, aus eigener Kraft schaffen. Triathlon vermittelt dir genau das in Reinform. Jedwede Hilfe von außen ist nicht erlaubt, und um ins Ziel zu kommen, brauchst du eine hervorragende Kondition, jede Menge Kraft und, nicht zu vergessen, einen absoluten Willen, Motivation und eine perfekte Koordination. Kurzum, Triathlon war genau mein Ding.

Laufen konnte ich von Hause aus, Kraulschwimmen brachte ich mir selbst bei, und ein Fahrrad hatte ich auch. Während meiner Lehre ging es also mit dem Triathlon los. Es war, als hätte dieser Sport geradezu auf mich gewartet. Schon bald träumte ich davon, beim »Ironman Hawaii« zu starten, dem ältesten und berühmtesten Triathlon dieses Planeten auf der Langdistanz.

Meine großen Vorbilder hießen Dave Scott und Scott Tinley, beides wahre Giganten unter den Triathleten jener Jahre. Dave Scott gewann den Ironman Hawaii zwischen 1980 und 1987 sechsmal, Tinley kam hier 1982 und 1985 auf immerhin zwei

Siege. Beide gehören für alle Zeiten zu den Ikonen dieser Sportart – und genau denen eiferte ich nach, vor allem in einer ganz entscheidenden Beziehung. Du findest auf den Ergebnislisten dieses Sports hinter manchem Starter das Kürzel DNF. Diese drei Buchstaben stehen für »did not finish«, was bedeutet, dass der Triathlet nicht ins Ziel kam. Eine Verletzung, eine irreparable technische Panne am Rad oder ein falsches Mindset – irgendetwas hatte den Athleten dazu gezwungen, das Rennen aufzugeben. Bei diesem Sport führst du einen permanenten Dialog mit deinem inneren Schweinehund, der dir in einem fort Dinge sagt wie: »Mach doch mal langsamer – überhaupt, warum tust du dir das eigentlich an?« Dieser Kampf wird quasi mit jedem Kilometer härter.

Ich orientierte mich an Triathleten wie Scott oder Tinley vor allem deshalb, weil hinter ihren Namen niemals die genannten drei Buchstaben standen. Egal wie – und wenn sie direkt nach dem Zieleinlauf ins Krankenhaus eingeliefert werden mussten – diese Männer kamen stets ins Ziel, beendeten ihr Rennen erfolgreich. Sie waren echte Vorbilder!

Genauso hielt ich es, selbst wenn ich für den abschließenden Marathon vier Stunden brauchte, weil ich derart fertig war, dass ich die Hälfte der Distanz gefühlt nur noch krabbeln konnte. »Bring es ins Ziel!« heißt bis heute mein Motto, längst nicht mehr nur beim Triathlon. Dinge unter allen Umständen durchzuziehen, lehrte mich dieser großartige und herausfordernde Sport.

Dass mich hier niemand falsch versteht: Wer im Triathlon aufgibt, ist damit für mich nicht automatisch ein Loser. Es gibt Umstände, die dich dazu zwingen, das Rennen vorzeitig zu beenden. Vielleicht ist dein Rad so kaputt, dass du nicht mehr weiterfahren kannst. Und irgendwann kommt *jeder* Körper an seine absolute Grenze.

Die große Kunst besteht für mich darin, diese Umstände zu vermeiden. Das fängt bei der Vorbereitung an, bei Fragen wie: Wann muss ich wie trainieren, was muss ich trinken und essen, um meinen Körper auf die anstehenden brutalen Strapazen bestmöglich einzustellen? Das richtige Material ist wichtig – und vor allem der umsichtige Umgang mit den eigenen Kraft- und Leistungsressourcen. Zu alledem brauchst du einen eisernen Willen, um das Ganze durchzustehen.

In diesem Sinne hat der Triathlon mein Leben derart nachhaltig geprägt wie nie etwas zuvor. Dieser Sport lehrte mich, Prioritäten zu setzen und mich bestmöglich zu organisieren. Auch meine Resilienz stammt aus dieser Zeit. Triathlon lehrte mich, mit Widerständen umzugehen und mir eine brutale Disziplin anzueignen.

Immer, wenn ich im Leben große Probleme zu bewältigen hatte, kompensierte ich das mit Sport. Als ich mich zum Beispiel mit Anfang 40 von meiner ersten Frau trennte, lief ich jede Woche mindestens 120 Kilometer. Das sind beinahe drei Marathondistanzen. Fotos von mir zeigen: Ich wog am Ende gerade mal 65 Kilo, aber ich kam auch hier ins Ziel.

Indem ich extrem viel Sport trieb, verarbeitete ich meine privaten Probleme. Zugleich optimierte ich dadurch mit Anfang 40 erneut meine sportliche Leistung. Heute würde man das vermutlich Biohacking nennen.

Damals wie heute bist du als Triathlet ein Exot: Du betreibst drei Sportarten mit unglaublichen Distanzen. Für den Durchschnittsbürger ist es bereits Sport, in der TV-Werbepause zum Kühlschrank zu gehen – während meiner Lehrzeit trainierte ich an keinem Tag weniger als zwei Stunden.

Mein oberstes Ziel war ganz klar der Ironman Hawaii: 3,86 Kilometer Schwimmen, 180,2 Kilometer auf dem Rad, zum Schluss die Marathondistanz von 42,195 Kilometern – ja, verdammt, ich wollte übern großen Teich jetten und diesen Wettkampf aller Wettkämpfe gewinnen! Täglich visualisierte ich mich, Dirk Kreuter, beim Ironman Hawaii.

Das stete, beharrliche Training fruchtete. Meine Leistungen wurden immer besser – und siehe da: Im dritten Lehrjahr qualifizierte ich mich erstmalig für den Ironman Hawaii. Wie aber sollte ich dort hinkommen? Ich war arm wie eine Kirchenmaus, mit meinen inzwischen 700 Mark im Monat kam ich nicht nach Hawaii.

Ich hatte weder das Geld noch die Erlaubnis vom Chef, dorthin zu fliegen. Der älteste Triathlon über die Langdistanz findet traditionell Anfang Oktober statt. Herbst aber bedeutete in unserer Firma Hochsaison, im Klartext: Urlaubssperre für alle!

Hätte mir jemand die Reise bezahlt, wäre *ich* gefahren – sofort, trotz Urlaubssperre! Ich träumte vom Ironman Hawaii, nicht von einer Laufbahn als Kaufmann und schon gar nicht vom Geld. Okay, ganz ohne die Penunzen funktionierte mein Sport auch nicht. Ich hatte immerhin bereits ein paar Materialsponsoren und sogar einen Finanzgeber. Was er gab, reichte mir zum Leben. Meine Freundin bezahlte die Miete für unsere Wohnung und hatte ein Auto. Ich lebte von der Hand in den Mund, es ging mir im Grunde einzig darum, jeden Tag stundenlang trainieren zu können. Meine »Währung« waren die Fortschritte in meiner Leistungsfähigkeit. Meine Wettkampfergebnisse wurden ja auch immer besser! In einem Zeitraum von 12 Jahren bestritt ich insgesamt drei Ironmans und mehr als 100 klassische Triathlons.

Auch in jenen Tagen gab es für mich natürlich noch ein, zwei andere Dinge im Leben. Ich wohnte wie gesagt mit meiner Freundin zusammen und absolvierte meine Lehre. An der Berufsschule gab es ein paar Fächer, die mir richtig viel Spaß machten, so zum Beispiel BWL und VWL, Kaufmännisches Rechnen und Politik. Überhaupt lernte ich jetzt viel lieber als dereinst in der Schule. Die Berufsschule war einfach viel pragmatischer, mit dem hier Vermittelten konnte ich etwas anfangen. Mein BWL-Buch von damals steht bis heute in meinem Regal. Einiges von dem, was darin steht, kann ich noch immer gut gebrauchen.

Schließlich brachte ich die Lehre mit guten Ergebnissen zu Ende. Mein Arbeitgeber war mehr als zufrieden mit meinem Abschneiden und wollte mich gern übernehmen. Ich war ein guter

Lehrling, stets verlässlich, nie krank und machte einen guten Job. Meine Pläne aber waren andere: Ich war nach wie vor fest entschlossen: Ich werde Triathlon-Profi! Material- und Geldsponsor waren am Start, also los!

Das Ganze lief genau drei Monate – dann drehte mein Finanzsponsor den Hahn zu. Er tat dies nicht meinetwegen, sondern weil er in finanziellen Schwierigkeiten steckte. Das war im Sommer 1990, und ich stand wieder einmal vor der Frage: Was mache ich jetzt? Ich konnte und wollte schließlich nicht von meiner Freundin leben.

Genau zu dieser Zeit suchte Pingo, einer meiner Materialsponsoren, einen Verkäufer für den Außendienst. Kam das nicht wie gerufen? Ich hatte schließlich eine abgeschlossene kaufmännische Ausbildung als Groß- und Außenhandelskaufmann vorzuweisen. Außerdem kannte ich alle seine Produkte aus eigener Anwendung, also im wahrsten Sinne des Wortes leibhaftig. Kurzum: Ich war jung, flexibel – und brauchte das Geld. Bei einem gemeinsamen Wettkampf sprach ich Pingo an: »Du, ich such 'nen Job!« Worauf er erwiderte: »Dann komm doch mal vorbei!«

Das tat ich – und weiß bis heute: Ich trug eine schwarze, nagelneue Jeans, dazu Hemd und Sakko. Pingo wunderte sich sehr über meine Kleiderwahl, hatte er mich doch nie zuvor in derart formellem Aufzug gesehen. Er selbst saß mir wie immer barfuß in bunter Jeans und T-Shirt gegenüber. So also fing ich im Sommer 1990 bei ihm als Handelsvertreter im Angestelltenverhältnis an.

Sein Unternehmen hieß TriSport und war für einen wie mich so etwas wie das Paradies. Alle dort waren Sportler, und TriSport sponserte die besten Triathleten. Wir hatten die angesagtesten Produkte im Portfolio, zum Beispiel Neoprenanzüge von Aquaman aus Frankreich, damals der Marktführer. Dazu führten wir Schwimmbrillen aus Japan und Lenkersysteme fürs Fahrrad aus Chicago, USA.

TriSport hatte exklusive Importrechte für sämtliche Artikel, bei denen Triathleten feuchte Finger bekommen. Dazu gehörte beispielsweise ein Produkt, das sich »Seat Shifter« nannte. Das ist ein Fahrradsattel, den man in der Horizontalen um zehn Zentimeter nach vorn verlagern konnte. Dadurch brachte man auf der Ebene viel mehr Kraft aufs Pedal. Um anschließend den nächsten Berg hochzukommen, musstest du den Sattel einfach nur nach hinten schieben.

Ich kannte den Seat Shifter aus einer Triathlon-Zeitschrift, und Pingo hatte sich die Vertriebsrechte für ganz Deutschland gesichert. Normalerweise waren diese Fahrradsitze aus Stahl. Wir hatten lediglich einen einzigen, und der bestand aus Titan. Dieses Material ist sehr teuer und ungeheuer edel. Pingo stellte mir, als Einzigem überhaupt, diesen Seat Shifter aus Titan zur Verfügung. Nur die besten fünf Athleten auf diesem Planeten besaßen so einen – und ich kleines Licht.

Was für eine Show, wenn ich mein Rennrad mit dem Seat Shifter bei einem Wettkampf durch die Wechselzone schob! Alle um mich herum bekamen große Augen und fragten sich: »Wer ist denn das?«

Dass Pingo ausgerechnet mir dieses edle Teil zur Verfügung stellte, bedeutete Anerkennung ohne Ende. Damit hat er mich damals gekriegt. Pingo wusste die richtigen Motivationsknöpfe bei mir zu drücken. Obwohl ich das kleinste und schlechteste Gebiet von all seinen Außendienstlern in Deutschland hatte, verkaufte ich die meisten Seat Shifter.

Wollte mir ein Kunde weismachen: »Den brauche ich nicht!«, musste er sich von mir einen motivationsgeladenen Vortrag anhören. Danach orderte er das Ding, auch wenn es zwischen 1.000 und 2.000 Mark kostete. Für diesen Preis hast du normalerweise ein ganzes Fahrrad gekauft, nicht nur einen Sitz. Das war wirklich ein sehr, sehr hochpreisiges Produkt.

Pingo war ein Genie. Dabei war er selbst gar nicht der Supersportler. Er war einfach unglaublich kreativ, lief immer in verrückt bunten Klamotten herum und kam barfuß ins Büro. Pingo aus Dortmund war ein Business-Hippie, der Paradiesvogel in einer eher konservativen Branche. Er kannte jeden in der Triathlon-Szene, hatte sogar seine Leute in den USA und einen guten Draht zu den Fachzeitschriften.

Dabei hieß Pingo gar nicht Pingo, sondern Hans-Peter Magduschewski. Das wusste aber kein Mensch. Er war einfach Pingo – und mit jedem per Du.

Und er machte mich zu seinem Special Agent. Damit gab er mir etwas, was ich sonst von niemandem bekam: Wertschätzung pur!

Bei TriSport hatte ich weiterhin leibhaftig mit meinem Sport zu tun, wuchs in den Job hinein und war glücklich. Geld interessierte mich nach wie vor herzlich wenig. Dann aber – ich war mittlerweile etwa drei Wochen dabei - kam der Tag, an dem sich genau das ändern sollte. Das jedoch ist schon wieder eine andere Geschichte.

Kapitel 2
Von Money und Mentoren

Im Hotel Opel Kadett

Drei Wochen arbeitete ich bei TriSport, als an einem Wochenende Mitte August 1990 das traditionelle Firmen-Sommerfest im Haus von Pingo und seiner Frau Moni anstand. Bei dieser Gelegenheit lernte ich meine Kollegen kennen. Neben mir am Tisch saßen die zwei erfolgreichsten Außendienstler. Im Gegensatz zu mir waren sie nicht bei TriSport angestellt, sondern freie Handelsvertreter. Sie waren also selbstständig und lebten nur von der Provision. »Ich hatte einen guten Monat!«, legte der eine los. »Ich habe 25 gemacht!«

Der andere nickte und erwiderte: »Ich hatte auch 25.«

Wovon redeten die da? Ich hatte keine Ahnung und fragte nach: »Was hattet ihr da? Was heißt 25?«

»25.000 D-Mark Provision!«, lautete die Antwort.

Nur zur Erinnerung: Ich war arm wie eine Kirchenmaus, hatte in meinem letzten Lehrjahr monatlich 750 Mark verdient – und diese zwei Männer redeten hier über 25.000 Mark, im Monat. *Crazy*!

»Vielleicht packe ich das in ein, zwei Jahren auch«, konnte ich darauf nur entgegnen. »Vielleicht frage ich Pingo einfach mal, ob er mir mein Gebiet als Handelsvertreter übergibt.«

Das war mein vollster Ernst – und zugleich hoch gepokert. Der Chef wollte 50.000 Mark Gebietsablöse haben. Geld, das ich natürlich nicht hatte. Ich kleiner Angestellter und völliger Vertriebsanfänger hatte nicht mal 5 Mark übrig.

Die soeben gefallenen Sätze sollten indes Folgen für mich haben. Die Chefin saß am Nebentisch, und ihr war das Gespräch offenbar nicht entgangen. Gleich am Montag wurde ich ins Büro gebeten, wo mich Moni und Pingo wissen ließen: »Dirk, wir haben euer Gespräch mitbekommen und zugehört, was du da gesagt hast. Du hast jetzt drei Wochen hier gearbeitet und machst deine Sache wirklich gut. Wir bieten dir an, dass du sofort Handelsvertreter wirst. Du musst für dein Gebiet keine Ablöse zahlen, sondern übernimmst den Leasing-Vertrag fürs Auto. Dazu geben wir dir 9.000 Mark Starthilfe, die ziehen wir jeweils zu 50 Prozent von deiner Provision ab. Wie sieht's aus, bist du dabei?«

Klar war ich das! Somit kam ich im August 1990 quasi über Nacht in die Selbstständigkeit.

Bis zu diesem Zeitpunkt besaß Geld keinerlei Priorität in meinem Leben. Nie! Meine Prioritäten hießen: Wie schnell schwimme ich meine 1.000 Meter, laufe ich die 10 Kilometer? Habe ich das richtige Triathlon-Material am Start? Wie kann ich meine Leistungen verbessern? *Das* waren die wirklich wichtigen Fragen für mich. Auch Autos waren mir völlig egal. Ein Porsche 911? Interessierte mich nicht die Bohne. Das kam erst viel später, damals interessierte mich vor allem Triathlon. 10.000 Mark hätten nicht im Ansatz die gleiche Wirkung auf mich gehabt wie ein »Teste das mal!« von Pingo. Er prägte mich anfangs sehr.

Aber zurück zum Geld. Hätte ich welches gehabt, hätte ich davon Triathlon-Equipment gekauft, zum Beispiel ein geileres Fahrrad. Wie gesagt, Geld genoss für mich bis dato keinerlei Stellenwert – deswegen hatte ich wohl auch nie welches. Wie oft ging ich an den Geldautomaten – und er spuckte mir keinen einzigen Schein aus, weil mein Konto völlig überzogen war?

Das alles sollte sich von Grund auf ändern, als ich an jenem Montagmorgen meine allererste Handelsvertretung übernahm. An diesem Tag wurde ich Unternehmer und fing an, Businesszeitschriften wie *Impulse*, *WirtschaftsWoche* und das *Handelsblatt* zu lesen. Auch einen Terminkalender legte ich mir zu. An jenem Montag nach dem Sommerfest war also der Moment gekommen, das auf der Berufsschule erworbene Wissen im Alltag anzuwenden. Wow!

Es passte einfach alles: Geld interessierte mich fortan, und ich befand mich am richtigen Ort, welches zu verdienen. Außerdem mochte ich das Unternehmen. Die TriSport-Leute waren richtige Rebellen, Sportfreaks eben. Viel Kapital hatte die Firma zwar nicht, aber wir waren Deutschland-Importeur für die seinerzeit weltgrößte Fahrradmarke namens Schwinn. Es gab hierzulande viel größere Importeure in unserer Branche, aber der CEO von Schwinn gab niemand anderem als uns die exklusiven Vertriebsrechte. Und warum?

TriSport hatte besagtem CEO eine persönliche, handgeschriebene Weihnachtskarte geschickt. Das war typisch Pingo, der wie gesagt mit jedem per Du war und überhaupt sehr herzlich rüberkam. Sein Weihnachtsgruß jedenfalls hatte den Schwinn-Chef derart beeindruckt, dass er TriSport die exklusiven Vermarktungsrechte übertrug.

Der einzige Haken an der Sache: In Deutschland kannte keine Sau Schwinn, und rückblickend waren Pingo, Moni und ihre Firma mit diesem Deal völlig überfordert. Sie besaßen weder die Liquidität noch die Erfahrung, diese große Marke in Deutschland bekannt zu machen. Wir Außendienstler bemerkten ziemlich schnell, dass Schwinn eine Nummer zu groß für TriSport war. Unsere Provisionen kamen immer später – erst einen Monat, dann zwei. Das war wirklich verdammt schade! Pingo und seine Crew waren echt gute Leute, aber es haperte schlichtweg an den Finanzen. Wir hätten einen Investor oder einen großen Bankkredit gebraucht. Aber TriSport hatte leider weder das eine noch das andere.

Auch in meinem Leben wurde Geld währenddessen immer wichtiger. Genau ein Jahr nach besagtem Sommerfest verdiente ich in einem Monat jene 25.000 Mark Provision, die mir 12 Monate zuvor noch so unerreichbar erschienen waren. Das hätte ich allein mit TriSport wohl nicht geschafft. Zum Glück sprach es sich in der Szene schnell herum, dass ich fleißig war und gut verkaufte. Nicht lange danach konnte ich neben TriSport weitere Vertretungen übernehmen.

So gehörten zum Beispiel Oakley Sportbrillen zu meinem Portfolio. Das waren die mit Abstand teuersten Sportbrillen – Oakley galt hierzulande als der Ritterschlag. Mein Auto zierte ein Aufkleber dieser Marke, auf den sprachen mich die Leute an. Das war eine spannende Zeit, die mich extrem prägte. Seither hatte ich beispielsweise nie wieder eine andere Brille als eine von Oakley auf der Nase. Diese Marke und ihre Vertriebsphilosophie faszinieren mich bis heute, mit Oakley lernte ich, hochpreisig zu verkaufen.

Hinter alledem stand ein exklusiver Vertrieb, wie ich ihn bislang nicht kannte. Diese Sportbrille durfte man natürlich nicht an *jeden* verkaufen, sondern ausschließlich an jene, die sie auch wert waren. Der Händler musste kaufen, was *wir* ihm vorgaben, und uns Brillen für mindestens 8.000 Mark abnehmen. Obendrein musste er uns ein Display abkaufen. Bei diesem handelte es sich natürlich nicht um irgendein Plastikgestell, sondern um eine hochwertige Metallvitrine.

Anders als bei anderen Anbietern musste der Händler einen mehrseitigen Vertrag unterschreiben, in dem besagte Mindestmenge festgehalten und geregelt war, dass er die Marke entsprechend präsentieren muss. Zwar ging das Display in das Eigentum des Händlers über, doch besaßen wir als Handelsvertreter einen Generalschlüssel dafür und durften dort jederzeit ran, um es bei Bedarf neu zu bestücken. Auch wollte Oakley nicht, dass dort die Produkte anderer Erzeuger präsentiert wurden. »Im Oakley-Display nur Oakley-Produkte!«, so lautete das Gesetz.

Die Händler probierten immer wieder, das zu umgehen. Dann aber kamen wir und sagten: »Moment mal, das kommt raus!« Wir führten riesige Diskussionen zu diesem Thema, denn die Händler wollten ja nicht, dass wir in ihr operatives Geschäft eingriffen. Oakley aber achtete schon damals streng darauf, dass Produkte ihrer Marke entsprechend behandelt wurden.

Die Händler durften sich nicht mal aussuchen, welche Oakley-Brillen wir ihnen zukommen ließen, weder die Modelle noch deren Farben. Das alles oblag einzig und allein unserer Entscheidung. Der simple Grund dafür war, dass wir am besten wussten, was lief und was nicht. Auf diese Art wollte Oakley umgehen, dass sich der Händler Modelle aussuchte, die zwar ihm gefielen, die er jedoch vermutlich nicht entsprechend verkaufen konnte. Das ist bei vielen Händlern ein genereller Denkfehler. Die meisten von ihnen sind ehemalige Sportler, die ihr Hobby zum Beruf gemacht haben und darin nicht unbedingt analytisch vorgehen. Um derartige Fehlkäufe auszuhebeln, bestimmten wir, was unsere Kunden bekamen, was etliche von ihnen gleich noch mehr aufbrachte. Dieses Vorgehen war seinerzeit absolut revolutionär – und für mich als Verkäufer eine riesige Herausforderung. Etwa die Hälfte aller Händler machte dieses Spiel nicht mit. Wer sich aber verpflichtete und auf unsere Forderungen einging, bei dem lief es fortan. Der Erfolg gab Oakley recht, heute ist diese Marke auf ihrem Gebiet der absolute Marktführer.

Neben Oakley hatte ich auch die Vertretung für die Sportuhrenmarke Timex aus Connecticut/USA. Und dann kam Polar. Das 1977 gegründete finnische Unternehmen ist heute Weltmarktführer bei Sport- und Fitnessuhren, die die Herzfrequenz und andere Parameter messen. 1991 kannte die kein Mensch – von absoluten Ausdauersportlern mal abgesehen. Ich darf mich also mit Fug und Recht Polar-Außendienstler der ersten Stunde nennen.

Schnell wurde mir bewusst: Das Verkaufen wie überhaupt die Selbstständigkeit liegen mir definitiv im Blut. Zugegeben, das erste Mal erreichte ich die 25.000 Mark im Monat während des sommerlichen Saisongeschäfts. Im Herbst und Winter macht man viel, viel weniger, aber dennoch: Im Sommer 1991 hatte ich erstmalig die einst für mich so unvorstellbare Marke geknackt.

Meine Vertretungen nahmen zu, meine Gebiete wurden größer. Die ersten drei Jahre schlief ich auf meinen Vertriebstouren im Auto. Ich fuhr einen Opel Kadett Club, einen Kombi. Abends klappte ich einfach die Rückbank um und nächtigte auf der Ladefläche im Schlafsack – meistens vor einem Schwimmbad. So konnte ich am nächsten Morgen duschen, mich rasieren und gelegentlich erst mal ein paar Bahnen schwimmen. Oder ich übernachtete an Autobahn-Raststätten, wo ich in der Fernfahrerdusche duschte.

Das hört sich zwar romantisch an, aber insbesondere im Winter war es das längst nicht immer. Einmal zeigte das Innen-Thermometer meines Opels beim Erwachen -11 Grad Celsius an. Da blieb ich erst mal eine halbe Stunde in meinem Schlafsack – in jener Nacht hatte ich sogar derer zwei am Start – und wartete bei laufendem Motor, bis es im Innenraum zumindest ein bisschen wärmer wurde.

Auch derartige Gegebenheiten nahm ich nie als etwas Schlimmes oder in irgendeiner Weise negativ wahr. Schließlich hatte ich auf diese Weise jede Nacht 80 bis 100 Mark gespart, die ich anderenfalls für ein Hotelzimmer hätte berappen müssen.

Ich schlief zwar auch mal in der Jugendherberge, aber das war noch nie mein Ding. Jugendherbergen waren zwar billig, aber in ihren Gemeinschaftszimmern herrschte immer eine gewisse Unruhe.

Wie kalt, nass oder unruhig jene Nächte auch daherkamen, ich fühlte mich trotzdem einfach nur großartig. Einmal mehr kam mir hier zugute, dass ich bereits in meiner Kindheit und Jugend immer wieder dafür entschieden hatte, meine Komfortzone zu verlassen. Die entscheidende Frage ist eben stets: Wie *bewertest* du deine konkreten Lebensumstände? Ich wollte Geld sparen, also war es für mich gut und wunderbar, im Auto zu übernachten. Noch heute bewerte ich viele Situationen anders als der Durchschnittsmensch – und behaupte: Genau dadurch führe ich ein glücklicheres Leben.

In meinem ersten Jahr nahm ich immerhin 100.000 Mark Provision ein. Das war für jemanden, der vor gar nicht so langer Zeit mit 550 Mark im Monat hatte auskommen müssen, eine völlig andere Welt. Ich hielt mich für den Megaunternehmer und kam mir mit meinem gut gefüllten Terminkalender unglaublich wichtig vor.

Weniger ist manchmal mehr – wie ich lernte, mich zu fokussieren

Bei allem Erfolg hatte ich zunächst null Ahnung vom Verkaufen. Obwohl ich eine kaufmännische Ausbildung absolviert hatte, galt mein Augenmerk zunächst nicht eine Minute dem Thema Verkaufsgesprächsführung. Die Leute kauften bei mir, weil ich immer auf der Matte stand, weil ich sympathisch rüberkam und weil meine Produkte gut waren. Meine Hartnäckigkeit lieferte am Ende den entscheidenden Grund, weshalb die Leute bei *mir* orderten.

Erst mit der Zeit begann ich, mich für das Thema Verkauf zu interessieren. Ich las Bücher, besuchte Seminare, das meiste jedoch holte ich mir von meinen Kollegen. Ich fragte sie alles erdenklich Mögliche, betrieb also im Grunde Modeling of Excellence – lerne von den Besten. Ohne diesen Begriff zu kennen, *tat ich* es einfach.

Auf unseren Meetings präsentierte jeder von uns seine Verkaufszahlen, und ich ging immer zu denen hin, die ein bestimmtes Produkt am besten verkauften, und fragte: »Erklär mir doch mal, wie du das machst!«

So hatten wir in unserem Sortiment einen Beach-Cruiser, ein besonders in Kalifornien beliebtes Fahrrad ohne Gangschaltung und mit breitem Lenker – eher ein Lifestyle-Produkt als ein

Sportgerät. Dessen ungeachtet verkaufte mein Kollege Jürgen jede Menge davon in Süddeutschland. Also fragte ich Jürgen Dinge wie: »Welche Kunden suchst du dir aus? Wie argumentierst du den Preis? Wie gehst du mit Einwänden um?«

Bereitwillig ließ ich mir alles genau erklären – und brachte bei der Umsetzung meine eigenen Erfahrungen ein. Diese Taktik hatte ich bereits im Triathlon angewendet. Hier ging ich beispielsweise zu den besten Schwimmern und fragte: »Wie viele Kilometer schwimmst du im Training? Trainierst du Intervalle, oder machst du Dauertraining? Wie ernährst du dich? Wie bereitest du deine Wettkämpfe vor?« Derart interviewte ich die Besten jeder Disziplin. Vorbildlernen ist das erste Lernen, das wir als Kinder ganz instinktiv praktizieren, angefangen bei unseren Eltern. Genau das betrieb ich nun systematischer. Ich ging zu denen, die viel weiter waren als ich, um von ihren Erfahrungen zu lernen.

Im ersten Jahr standen mir die Kollegen bereitwillig Rede und Antwort. Als sie jedoch merkten, dass ich richtig gutes Geld verdiente, erzählten sie mir fortan nichts mehr. Von nun an nahmen sie mich vor allem als Wettbewerber wahr.

In jenen Jahren unterliefen mir auch etliche große Fehler. So zählten anfangs Berlin und die Postleitzahl 2, also ein Stückchen Niedersachsen sowie Hamburg und Schleswig-Holstein, zu meinem Gebiet. Ich aber lebte nach wie vor im Sauerland, fuhr also jede Woche von dort aus die weite Strecke in den Norden. Für jemanden, der gern allein ist, war das völlig in Ordnung. Normalerweise jedoch fährt ein Handelsvertreter morgens raus und ist abends wieder zu Hause, weil er in seinem Gebiet wohnt.

Irgendwann übernahm ich dazu ganz Ostdeutschland – von der Ostseeküste in Mecklenburg-Vorpommern (Postleitzahl 1) bis runter zu den Mittelgebirgen Sachsens und Thüringens, also Postleitzahl 0! Als wäre das noch immer nicht genug, beackerte ich obendrein das Postleitzahlgebiet 3, sprich mehrere Bundesländer in Deutschlands Zentrum, nachher gar noch ein Stückchen von der Postleitzahl 4 im tiefsten Westen. Damit war mein Gebiet endgültig viel zu groß geworden. Da kommst du nicht mehr durch, das kannst du nie derart betreuen, wie es nötig wäre.

Doch nicht nur in Sachen Geografie schoss ich übers Ziel hinaus. In der Spitze hielt ich insgesamt sieben verschiedene Vertretungen. Kein Wunder, dass ich mich bei alledem irgendwann völlig verzettelte. Schließlich kam es so, wie es kommen musste: Entweder kündigten die Firmen mir die Vertretung oder ich tat es selbst. Das war in Ordnung so, denn richtig Geld verdiente ich im Grunde erst, als ich nur noch zwei Vertretungen hatte. Ab da konnte ich mich fokussieren. Diese beiden waren Oakley und Schwinn, Brillen und Fahrräder.

Mein Denkfehler war also: Je mehr Gebiete und Vertretungen, desto höher fallen meine Provisionen aus, sprich: desto mehr Geld verdiene ich. Am Ende bedeutete das Ganze jedoch viel, viel mehr Arbeit und Stress – bei gleichem Umsatz. Auch das ist eines jener Learnings, die sich durch mein Leben ziehen: Mehr ist nicht immer gut, und manchmal ist *weniger* eben tatsächlich *mehr*. Die Wahrheit lautet in jedem Fall: Auf den Fokus kommt es an.

Außerdem war ich anfangs in meinem Business viel zu emotional unterwegs. Ein Beispiel gefällig? Eines meiner Sortimente enthielt ein Mountainbike für 499 Mark, das ich aus Prinzip nicht verkaufte. Dieses Rad genügte schlicht und einfach nicht meinen zugegeben überaus hohen Ansprüchen. »Was willst du mit diesem Schrott?«, ließ ich meinen Kunden wissen. »Gib mir das Rad für eine Stunde! Ich gehe damit in den Wald, und du bekommst es komplett kaputt zurück. Glaub mir, das Ding taugt nichts!«

So verfuhr ich in meiner Anfangszeit. Am liebsten und besten brachte ich Produkte an die Kundschaft, die ich selbst nutzte, die mich persönlich überzeugten. Erst im zweiten Jahr begann ich, mich zumindest ein bisschen mit Verkaufstechniken zu beschäftigen. Ich besuchte Seminare – und lernte überhaupt erst mal, dass Verkaufen ein Handwerk ist, genauer gesagt eine Kunst, die jede Menge Können verlangt. Ab diesem Zeitpunkt tauchte ich in die Themen Verkauf und Vertrieb ein, um derart simple Dinge zu begreifen wie: Der Wurm muss dem Fisch schmecken, nicht dem Angler. Das Produkt muss nicht mir gefallen, es muss meinen Kunden gefallen. Dieses Learning war extrem wichtig für mich als Vertriebsprofi. Ab diesem Zeitpunkt verkaufte ich fast nur noch Artikel, die Geld brachten – und verdiente dadurch tatsächlich mehr.

Gleich zu Beginn meiner Karriere wurde mir zumindest eine Sache klar: Ein Erstauftrag ist ganz nett, aber so richtig nett wird es erst, wenn diesem regelmäßige Folgeaufträge folgen. Denn Folgeaufträge bedeuten, dass dir die Kunden nicht nur Waren abverkaufen, sondern obendrein selbstständig nachbestellen. Dazu muss ich gar nicht mehr dort hinfahren und verdiene trotzdem Geld – deutlich mehr als zuvor!

Also fing ich alsbald an, nach jedem Geschäftsschluss die von mir gewonnenen Kunden zu schulen. Vor allen Dingen stellte ich die Produktunterschiede heraus. Meine Kunden verglichen gern Kunststoffbrillen mit Kunststoffbrillen – das aber funktioniert bei Oakley nicht. Deren Scheiben bestehen aus einem besonderen Kunststoff, der nicht nur optisch sehr schön, sondern zudem äußerst bruchsicher ist.

Wir hatten Musterscheiben dabei, die waren aus zehn Metern Entfernung mit Schrotkugeln beschossen worden. Für den Gebrauch derartiger Brillen war das eine untypische Versuchsanordnung, aber es ging ums Prinzip. Das Material war derart weich, dass die Scheiben zwar die Kugeln aufnahmen, dabei aber weder splitterten noch von den Geschossen durchdrungen wurden. Dieses Beispiel verdeutlichte: Treibst du Sport und stürzt beim Fahrrad-, Skifahren oder was auch immer, passiert deinen Augen nichts, weil die Scheibe nicht splittert. Anders als zum Beispiel bei einer Ray-Ban, deren Scheiben aus Glas bestehen. Es gibt ein sehr bekanntes Foto von Radsport-Ass Bernard Hinault, der immer eine Ray-Ban-Pilotenbrille trug. Als er mit ihr auf einer »Tour de France«-Etappe stürzte, sah er um die Augen herum und im ganzen Gesicht sehr abenteuerlich aus, weil die Gläser seiner Brille gesplittert waren.

Bei alledem betrieb ich stets gutes Storytelling, um die Qualitätsunterschiede zwischen einer Billigbrille für 5 Mark und einer Oakley für 300 Mark aufzuzeigen – und damit den höheren Preis der exklusiven Marke zu rechtfertigen. Zudem zeigte ich ganz praktisch, wie man zum Beispiel bei einer Oakley die Scheiben wechselt.

Bei den Herzfrequenz-Messgeräten von Polar erwies sich das Ganze als ähnlich anspruchsvoll. Es gab Geräte, die maßen den Puls über den Finger und kosteten um die 30 Mark, die unseren dagegen das Zehnfache! Hier bestand der grundlegende Unterschied in der Genauigkeit der Messungen. Die Polar-Geräte maßen die Herzfrequenz über Elektroden, mit einem Brustgurt – die Messwerte waren um ein Vielfaches genauer als die der besagten Billigteile. Und was passiert einem Sportler, der beim Wettkampf mit ungenauen Messergebnissen arbeitet? Entweder bleibt er hoffnungslos hinter seiner Leistungsfähigkeit zurück oder er muss gar aufgeben, weil er viel zu hoch eingestiegen ist.

Derartige Schulungen bekamen die Verkäufer von mir direkt am Point of Sale. Ich gab dem »Kind« an dieser Stelle zwar noch keinen Namen, aber das Ganze stellte im Grunde bereits ein Verkaufstraining dar. So kam ich bereits recht früh in jenen Beruf rein, den ich teilweise noch heute ausübe.

Die Verkaufszahlen sprachen Bände. Meine Bemühungen fielen also auf fruchtbaren Boden, und ich merkte, dass auch das Coachen mir im Blut liegt. Meine Kunden verkauften dadurch nicht einfach nur mehr, das Ganze verpasste ihrem Tun zugleich deutlich mehr Drive.

Noch im Jahr 1991 fragte mich ein Kunde: »Kannst du deine Schulungen nicht mal allgemein und nicht auf dein Produkt bezogen halten?«

»Klar kann ich das«, erwiderte ich, »aber dann kriege ich Geld dafür! Für eine derartige Dienstleistung musst du mich bezahlen.«

Daraus resultierte mein erstes Verkaufstraining, für das man mich entlohnte. Im Grunde genommen begann das Ganze jedoch bereits, als ich 1990 meine erste Handelsvertretung übernahm. Seither gab ich Produktschulungen mit produktorientierten Verkaufstrainings, alles getreu dem Motto: »Wenn ihr es *so* macht, verkauft ihr mehr und ihr macht es euch einfacher.«

Gleich zu Beginn meiner Trainerausbildung im Jahr 1994 fragte ich mich: »Wie komme ich an Kunden heran?« Ich schrieb alle IHKs an, von denen es in Deutschland 82 gibt, und überlegte mir dazu fünf verschiedene Seminarthemen. Fünf IHKs buchten mich.

Meine allererste Schulung hielt ich übrigens in meinem Geburtsort Neuss. Das Thema lautete: »Erfolgreich selbstständig machen als Handelsvertreter«. Vor mir saßen sieben Teilnehmer, alles Männer, allesamt älter als ich. Ihnen brachte ich meine Erfahrungen als Handelsvertreter nahe. Das Feedback, das sie mir anschließend gaben, war enorm positiv, sie feierten mich geradezu.

Das zweite Training hielt ich für die IHK Köln zum Thema »Erfolgreiche Messebeteiligung – Kommunikation auf dem Messestand«. Hier waren es immerhin schon zwölf Teilnehmer, die anschließend ebenfalls happy waren. Während das in Neuss eher ein Ratgebertraining war, ging es in Köln um ein Verhaltenstraining mit Rollenspielen.

Das dritte bekam ich über meinen Geschäftspartner Kai Engelmann, der eine Werbeagentur in Deutschland hat. Deren wichtigster Kunde war seinerzeit Sony Deutschland. Die veranstalteten eine Sell-out-Promotion, in deren Rahmen es eine zweitägige Schulung für freiberufliche Promotoren gab. Diese hatten auf den Verkaufsflächen verschiedener Märkte jeweils einen Stand mit Sony-Produkten. Sie bekamen Produkttrainings von den Sony-Leuten, Organisationsinformationen von Kais Werbeagentur – und ich schulte sie in Sachen Verhaltenstraining. Hierbei ging es um Kundenansprache, Argumentation, Vor- und Einwandbehandlung, Abschlusstechniken und dergleichen mehr. Hier hatte ich nun 68 Teilnehmer, was für mich eine riesengroße Gruppe war. Es funktionierte einfach grandios. Nach jedem dieser Trainings bekam ich ein Feedback, das mich auf Wolke sieben schweben ließ. Ich hätte das auch gratis gemacht. Mir ging es dabei noch gar nicht ums Geld – *hier* fand ich meinen Beruf und wusste fortan: *Das* will ich zukünftig machen.

Eine andere Geschichte, die mich sehr nach vorn brachte, war mein Engagement für die Scott Sports Group. Bei diesem schweizerischen Sportartikelhersteller handelt es sich um ein Unternehmen mit absolut professionellem Management. Die dortigen Strukturen waren erstklassig, und Geld hatten sie im Überfluss. Die Scott-Leute arbeiteten deutlich gewinnorientierter als wir bei TriSport, obendrein viel professioneller. Bei Scott griff ein Rad ins andere, und es herrschten klare Regeln.

Der Hauptsitz des Unternehmens lag in der Schweiz, sie waren eine international tätige Aktiengesellschaft. Die Verantwortlichen waren keine großen Radfahrer, sondern Geschäftsleute. Das hatte ich bis dato anders erlebt. In all meinen Sportartikelvertretungen hatte ich immer mit Sportlern zu tun gehabt, hier begegnete ich zum ersten Mal Managern.

Wir arbeiteten kennzifferngesteuert, mit sehr genauen Vor-Casts, bekamen permanent Feedback zu unseren Zahlen und erhielten generell jegliche Unterstützung, die wir brauchten. Auch auf der technischen Seite war das hier eine andere Welt, bei Scott verfügten sie über eigene Abteilungen für Produkt-Management-Entwicklungen.

Bei TriSport war es cool und wir allesamt megabegeisterte Sport-Freaks, die jedoch keine Ahnung von Betriebswirtschaft oder Kennzahlen hatten. Die von Scott waren kein »Indianerstamm« wie wir. Pingo war unser Häuptling, aber Scott-CEO

Wolfgang Kobell ein richtiger Offizier. Wolfgang saß zum Beispiel nie selbst auf dem Fahrrad. Er arbeitete so überaus erfolgreich, weil er emotional weit genug weg von seinen Produkten war. Und er hatte jede Menge Ahnung von Marketing.

Apropos, genau in dieser Phase wurde ich übrigens Trainer. Wie aber passierte das? Über Scott fing ich wieder an, Schwinn-Räder zu verkaufen. Hierfür existierte eine punktgenaue Produktpräsentation, gerade mal so groß wie ein Notebook. Das fand ich richtig cool – und erstellte, von Scott inspiriert, auf eigene Initiative eine Präsentation für die Produkte von Oakley, Polar und TriSport.

Keiner von uns hatte bis dato eine Ahnung davon, wie zum Beispiel ein herzfrequenzgesteuertes Training funktionierte. Und niemand wusste wirklich, warum die Oakley 300 Mark kostete und andere Sportbrillen eben nur 70 Mark. Die waren eben edler und teurer, basta! In meinen Präsentationen erklärte ich nun die Vorteile der jeweiligen Artikel und definierte die mit ihnen jeweils zu erreichenden Zielgruppen – eben typische Marketing-Basics.

Ich gab den Verkäufern eine Preisargumentation an die Hand und beantwortete die immer wiederkehrenden Fragen ihrer Kunden. Auch das ging bereits 1990 los und markierte im Grunde meinen Einstieg als Trainer.

Von nun an optimierte ich es immer weiter, anderen Menschen Wissen zu vermitteln. Mein Erfolgsgeheimnis: Platziere den Erstauftrag und ziehe anschließend eine gute Schulung durch. In der Folge bestellte der Kunde ganz von allein nach. Mit dieser Taktik fuhr ich ausgesprochen erfolgreich. Selbstverständlich war ich selbst auch weiterhin sehr fleißig und stand immer wieder bei den Kunden auf der Matte.

Insbesondere zwei Dinge, die mir zuvor noch nicht so bewusst waren, erwiesen sich dabei als grundlegend: Meine Energie, die zweifelsfrei aus meiner Begeisterungsfähigkeit resultiert, steckt andere automatisch an. Begeistere ich mich maximal für neue

Ideen oder Produkte, vermag ich, diesen Funken überspringen zu lassen. Die Leute kauften jetzt nicht mehr bei mir, weil meine Produkte so überaus toll waren, sondern weil sie meine Energie, meine Begeisterung spürten, die wiederum sie inspirierte.

Dazu versorgte ich meine Kunden immer wieder mit coolen Anekdoten. Was Triathlon anging, wusste ich stets genau, welcher Top-Athlet welches Material im Einsatz hatte, und konnte aus erster Hand berichten: »Athlet X verwendete das Material eines anderen Herstellers und unser Mann das unsere – und was kam dabei heraus? Unser Mann erarbeitete sich bei der Radstrecke drei Minuten Vorsprung, ohne dass er sich mehr anstrengen musste als sein Kontrahent!«

Ich kam stets mit konkreten Ergebnissen, so zum Beispiel auch, wenn unsere Produkte im Windkanal getestet worden waren. Die Einwandbehandlung, die ich heute lehre, ist viel rhetorischer und funktioniert größtenteils über Sprachmuster. Damals arbeitete ich fast ausschließlich über die sogenannte Zeugenumlastung.

Brachte ein Kunde Einwände wie: »Das gibt's woanders günstiger, das ist mir zu teuer!«, hielt ich mit Zeugenbeispielen dagegen, wie: »Das kann gut sein, aber wusstest du, dass das Material unserer Produkte auch von der NASA eingesetzt wird – in den Raketen, die sie ins All schießen? Wenn's was Besseres gäbe, würde die NASA, die nicht aufs Geld schaut, sicher etwas anderes verwenden, oder?«

Irgendwann brachte Oakley eine Kindersonnenbrille namens Five heraus, die um die 200 Mark kostete. Hier hörte ich von meinen Kunden immer wieder: »Da nehme ich einfach eine andere Kunststoffbrille. Wer kauft bitte schön eine Kinderbrille für so viel Geld?«

»Okay, du kaufst eine Kinderbrille für 5 oder 10 Mark«, begann ich meine Argumentation, »aber was ist da eigentlich für 'ne Scheibe drin? Das ist Kunststoffmaterial, Plastik, das wird sonst für Umverpackungen genutzt. Dieses Material ist zwar dunkel, aber nun passiert Folgendes: Du setzt deinem Kind, das am Strand im Sand spielt, wo eine maximale Sonneneinstrahlung und Reflexion herrschen, eine solche billige Kunststoffbrille auf. Die Scheibe ist dunkel, dem Auge wird also vorgetäuscht, dass es draußen dunkler ist – und wie reagiert es? Die Pupille öffnet sich, um mehr Licht reinzulassen. Aber durch dieses billige Zeug werden die schädlichen UV-Strahlen nicht oder nur zum Teil rausgefiltert. Zwar ist auf diesen Billigbrillen oft ein Aufkleber drauf: ›UV-Schutz‹, aber was heißt das konkret? Werden da 3, 5, 10 oder 50 Prozent dieser Strahlung abgehalten? Der Rest geht ungehindert ins Auge und schädigt es. Die Auswirkungen spürt dein Kind nicht sofort, sondern erst Jahre später, wenn es mit dem Auto fährt und plötzlich denkt: ›Wieso kommen die mir alle mit Scheinwerfern entgegen?‹ Die kommen ihm aber gar nicht mit Scheinwerfern entgegen, sondern dein Kind hatte damals einfach nur Dreck vor den Augen!«

So argumentierte ich und fügte hinzu: »Ihr kauft die Brille für 5 Mark und verkauft sie für 10 Mark weiter – wie soll ein Hersteller da Gläser reinpacken, die halbwegs etwas taugen? Das geht doch gar nicht!« Solche Anekdoten gab ich meinen Verkäufern an die Hand, und sie verwendeten sie anschließend eins zu eins in ihren Kundengesprächen, was ihren Verkauf super befeuerte.

Derartige Aspekte nutze ich bis heute auf meinen Social-Media-Kanälen, in meinen Büchern, meinen YouTube-Videos sowie auf meinen Seminaren. Ein guter Verkäufer bestimmt die Bilder im Kopf seines Kunden – und darin bin ich Meister. Über meine Sprache, mit meinen Worten und Erzählungen steuere ich die Bilder im Kopf des Kunden bewusst – und bestimme genau, welcher Film dort gerade gedreht wird. Das kann ich heute und vermochte es intuitiv auch schon damals. Diese Fähigkeit war und ist einer meiner Erfolgsfaktoren.

Im Prinzip arbeitete ich also schon seit 1990 mit Verkaufstrainings, ohne sie dereinst so genannt zu haben. Mit den Jahren wichen die Produkte immer weiter in den Hintergrund, schließlich machte ich nur noch Trainings. Vorher musste ich allerdings erst noch meine Handelsvertretung verkaufen.

Diese Einsicht kam mir 1999, bei einem Abendessen mit einem befreundeten Händler in Hamburg. Martin erzählte mir von seinen Sorgen, und mein Rat an ihn lautete: »Fokussier dich! Die Lösung ist, dass du dich nicht verzettelst, dass du nicht *alles* machst.«

Da verschränkte Martin die Arme vor der Brust, lehnte sich zurück – und schwieg grinsend. Ganz nach dem Motto »Du gibst mir hier schlaue Tipps – und selbst machst du genau das, was ich aus deiner Sicht ablegen soll.« Genau in diesem Augenblick fiel bei mir der Groschen. Gleich am nächsten Morgen suchte ich einen Nachfolger für meine Handelsvertretungen – und los ging's!

Bei alledem beobachtete ich einen spannenden Effekt: Am Anfang meiner Trainerkarriere hatte ich etwa acht Tage im Jahr Seminare fakturiert, sprich abgerechnet, schließlich waren es sogar 60 Tage. Nachdem ich 1999 die Handelsvertretung verkaufte, stand ich sofort bei mehr als 100 Seminartagen im Jahr. Sofort nachdem ich meinen Fokus endgültig auf den Trainerberuf richtete, ging meine Karriere steil nach oben.

Das wirkte sich alsbald auch auf andere Lebensbereiche positiv aus. So hatten meine sozialen Kontakte in meiner Zeit als Handelsvertreter extrem gelitten. Jeden Montag fuhr ich in eines meiner Gebiete und blieb dort drei, vier, manchmal fünf Tage. Zweieinhalb Stunden Fahrt bis zum ersten Kunden waren das Minimum. Um weniger reisen zu müssen, schnupperte ich sogar mal bei einem befreundeten Immobilienmakler rein. Das Business gefiel mir, und garantiert wäre ich damit stinkreich geworden. Der Haken daran: Einmal Immobilienmakler in Dortmund, immer Immobilienmakler in Dortmund. Klar, du baust dir schließlich etwas auf und willst am Ende auch die Rendite einfahren. Aber ich wäre lokal gebunden gewesen, und diese Aussicht missfiel mir. Denn ich liebe seit jeher die Freiheit – und auch geografisch schwebte mir seit meinem ersten Berufswunsch eine andere Gegend vor als das Ruhrgebiet. So entschied ich mich dagegen, denn etwas in mir wusste: Meine Reise geht ganz woanders hin.

Mentoren, das Internet und ein streng geheimer Club

Die Berufsoption, die ich unbewusst begonnen hatte und schließlich konsequent weiterverfolgte, war also jene des Verkaufstrainers. Nun war mir Mitte der 1990er noch die typisch deutsche Denke zu eigen, dass man in einem Beruf nur erfolgreich sein kann, wenn man das jeweils passende Zertifikat in der Tasche hat. Das ist natürlich Bullshit, genau wie damals, als ich mangels Zertifikats kein Surflehrer wurde.

Jetzt aber blieb ich dran. 1994 absolvierte ich eine Trainerausbildung beim Berufsverband für Training, Beratung und Coaching (BDVT e. V.) in Köln, seinerzeit Deutschlands größte Vereinigung in dieser Sparte. Das Ganze lief über neun Monate berufsbegleitend, also immer freitags und samstags.

Mit meinen gerade mal 24 Lenzen war ich unter den elf Teilnehmern meines Lehrgangs der Jüngste, obendrein der einzige ohne Abitur. Die anderen waren für mich intellektuell *next level* – ich hatte zunächst mal keine Ahnung von den Dingen, die wir da besprachen.

Etliche Lehrgangsteilnehmer kamen aus der Personalentwicklung, einer Unterstufe der Personalabteilung. Zudem ging es bei dieser Ausbildung nicht nur um freie, sondern auch um angestellte Trainer. Das heißt, es waren Leute dabei, die von ihrer Firma nach Köln geschickt wurden, um ihre nächste Karrierestufe als interne Trainer zu erklimmen. Neben mir wurden nach diesem Lehrgang nur zwei weitere Teilnehmer Freie Trainer. Alle übrigen nahmen als Angestellte andere Aufgaben in ihren Unternehmen wahr.

Bei diesem Lehrgang ging es um Organisations- und Personalentwicklung, und es fielen lauter Begriffe, die ich nie zuvor gehört hatte: Organigramm, Stellenbeschreibungen, Hierarchien, wer ist wem weisungsgebunden, Führen mit und ohne disziplinarische Verantwortung. Das alles verstand ich nicht, da waren die anderen viel, viel weiter.

Gleichwohl lernte ich hier eine Menge, daher erwies sich das Ganze als extrem wertvoll. In jedem Ausbildungsblock hatten wir einen anderen Referenten – und jeder von ihnen ging auf seine ganz eigene Weise an das Thema heran.

Ein äußerst kreativer Typ war zum Beispiel Andreas Bornhäußer. Dieser erfolgreiche Unternehmer ist mittlerweile seit weit über drei Jahrzehnten als Coach und Trainer tätig. Andreas kam immer wieder mit guten Ideen um die Ecke. Er tickte einfach anders, das funktionierte wie bei einem guten Witz: Du vermutest die Pointe rechtsherum, aber bei Andreas ging's dann nach links – immer in eine ganz andere Richtung, als du dachtest. Damit fesselte er die Aufmerksamkeit der Teilnehmer. Andreas war – nicht politisch gemeint und ausschließlich im besten Sinne – ein echter Querdenker. Bei alledem beherrschte er sein Handwerk meisterhaft und besaß obendrein ein beeindruckendes Charisma. Er bot mir sogar an, in sein Team einzusteigen. Andreas fand ich richtig gut.

Auch den hervorragenden Speaker Hans Uwe Köhler (Verkaufen ist wie Liebe) sowie den Schweizer Kommunikationstrainer Rolf Nievergelt lernte ich in Köln kennen. Letzterer kam ursprünglich von IBM, dementsprechend groß war seine Technik-Affinität. Rolf Nievergelt war innerhalb der Trainerszene der Erste, der sich intensiv mit dem Internet beschäftigte – Mitte der 1990er! Für seine Trainingsteilnehmer installierte er eine Mailingliste. Dort trugst du dich mit deiner Mailadresse ein, konntest fortan alles mitlesen, was über diese Liste kommuniziert wurde sowie online mit allen anderen Teilnehmern interagieren. Das ist heute selbstverständlich, damals jedoch war es hochgradig innovativ, so etwas gab's bis dato noch nicht.

Rolf führte mich ans Thema Internet heran und stand mir auch weiterhin mit Rat und Tat zur Seite. So verriet er mir, auf welche Websites ich gehen musste, welcher Anbieter der Beste war und vieles, vieles mehr.

In meiner Wahrnehmung war ich der erste Verkaufstrainer in Deutschland, der eine eigene Internetseite betrieb. Rolf brachte mich auch auf die Idee, die richtigen Domains zu schützen – keine Namens-, sondern Gattungs-Domains wie Messetrainer, Verkaufstrainer, neukunden.com und dergleichen mehr. Seinem Ratschlag folgend, sicherte ich mir über 100 verschiedene Domains. Einige gab ich später wieder ab, zum Teil verkaufte ich sie, wieder andere nutze ich bis heute. Das und einiges andere verdanke ich Rolf Nievergelt, zu ihm gleich mehr.

Was bei diesem Lehrgang besonders cool war: Wir Studenten durften bei unseren Referenten hospitieren, ihnen bei ihrer Arbeit über die Schulter blicken. Du gingst einfach zu einem dieser erfahrenen Trainer und sagtest: »Ich bin Jung-Trainer in der Ausbildung – ich kann nichts, weiß nichts, bin aber hungrig und will was lernen, nimmst du mich mit?«

Weil mich die Praxis dieser Leute brennend interessierte, fragte ich sie allesamt – und siehe da: Alle Trainer, die ich anfragte, ließen mich live dabei sein. So hospitierte ich bei bestimmt zwanzig verschiedenen Leuten und lernte dadurch die Trainerszene richtig gut kennen. Meist trafen wir uns am Vorabend, und bereits beim Abendessen stellte ich meine ersten Fragen. Ich interessierte mich unheimlich für das Trainerleben, wollte Dinge wissen wie: Haben die ein Büro? Haben sie Mitarbeiter? Wie sind sie organisiert? Wer packt ihre Tasche, wie bereiten sie sich vor, welche Vorgespräche führen sie mit den Kunden, wie stellen sie sich auf ihre Zielgruppe ein? Extrem wichtig erschien mir zudem: Wie akquirieren sie ihre Kunden, was machen sie anders? Ich wollte einfach wissen, wie dieser Beruf funktioniert und was diese Leute derart erfolgreich sein ließ.

Es war ausgesprochen gut, all diese verschiedenen Coaches wirklich mal *behind the scenes* zu erleben. Ich schaute jedem dieser Männer genau zu. Wie bereitet er sein Training vor? Kein Detail, keinen Handgriff ließ ich mir entgehen – und stellte anschließend weitere Fragen wie: »Warum hast du das so gemacht und ausgerechnet an dieser Stelle? Wie gestalte ich den Transfer von der Übung in den Arbeitsalltag? Worauf muss ich besonders achten? Was könnte an welcher Stelle schiefgehen? Wann mache ich dies und das besser nicht?«

Rückblickend sage ich: Das Ganze tat mir mega-, megagut! Das Hospitieren erwies sich als mindestens ebenso wichtig wie die eigentliche Trainerausbildung – vielleicht sogar als noch wichtiger, weil ich dadurch eben auch hinter die Kulissen dieses Berufs schauen konnte. Von außen sieht das Trainerbusiness oft so einfach aus, aber diese Gruppendynamik mit erwachsenen Menschen wirklich zu steuern, das können nur ganz wenige richtig gut. Und gerade das macht die Meisterschaft in diesem Beruf aus: Menschen für ein Thema öffnen, dabei ihre Lernbereitschaft entfachen und kontinuierlich weiter befeuern. *That's entertainment!*

Allerdings übernahm ich während meiner Trainerausbildung auch einige komische Glaubenssätze. So war ich lange Zeit fest davon überzeugt, dass qualitativ hochwertige Weiterbildung nur in kleinen Gruppen funktioniert. Etliche Trainer aus dem Verband lästerten immer wieder über großartige Leute wie Bodo Schäfer, den Niederländer Emile Ratelband oder Jürgen Höller, die ihr Wissen vornehmlich vor vielen Zuhörern weitergaben.

Dessen ungeachtet schauten sie sich alle von diesen Trainerlegenden eine Menge ab, angefangen vom Kleidungsstil übers Auto bis hin zu ihren Methoden – im Grunde genommen einfach alles. Ich las die Bücher dieser verfemten Männer, lauschte ihren Hörbüchern, einzig ihre großen Veranstaltungen besuchte ich nie. Weil in meinem Umfeld schlecht über sie gesprochen wurde, verzichtete ich darauf. Ich selbst war zunächst derart eingenommen von diesem Verband und seinen Protagonisten, dass ich jahrelang Aufträge mit vielen Teilnehmern kategorisch ablehnte: »Nicht in einer so großen Gruppe!« Glaubte ich doch, ein derartiges Vorgehen widerspräche meinen Qualitätsansprüchen. Es sollte eine ganze Weile dauern, mich von dieser Ansicht zu emanzipieren.

Im BDVT waren auch Trainer organisiert, die als Angestellte in großen Unternehmen arbeiteten. Der Großteil aber waren freie Trainer, Selbstständige wie ich, für die innerhalb des Berufsverbands ein eigenes Gremium existierte. Rolf Nievergelt stellte mich den wichtigen Leuten dort vor und motivierte mich: »Geh in dieses Gremium, bring dich in die Verbandsarbeit ein.«

Dass ich seinem Rat tatsächlich folgte, kann man sich bei jemandem wie mir wohl kaum vorstellen. Verbandsarbeit bedeutet vor allem jede Menge Kulisse und immer wieder Kompromisse. Das ist wie in der Politik: Es gibt unheimlich viele verschiedene Interessen, und du musst, um überhaupt Entscheidungen hinzukriegen, Kompromisse eingehen. Ich bekam hier das erste Mal Kontakt mit Kompromissen in der Kommunikation in einer Organisation. Das war für mich ein wichtiges Learning, das kannte ich vorher nicht. Bis dato gab es für mich Schwarz und Weiß.

Dass ich mich in den Verband einbrachte, erwies sich als äußerst cleverer Schachzug. Denn über meinen offiziellen Posten verfügte ich dort automatisch über beste Kontakte zu vielen guten Leuten. Schließlich sprach ich diese nun nicht mehr als irgendein junger Kerl an, den niemand kannte, sondern als offizieller Vertreter des BDVT. Somit konnte ich auch weiterhin an exklusiver Stelle all meine Fragen loswerden – und bekam die entsprechenden Antworten. Über die Verbandsarbeit lernte ich im Prinzip diesen Beruf mit seinen unglaublich vielen Facetten so richtig kennen. Da gab es die angestellten Trainer und Trainer in unterschiedlichsten Themenbereichen, wie Produkt-, Fach- oder Verhaltenstrainer. Letztere unterscheiden sich unter anderem in Verkaufs- oder Führungstrainer. Es gab angestellte Trainer, die waren in großen Konzernen nur für einen ganz bestimmten Bereich zuständig, so zum Beispiel Leute, die einzig die Telekom-Shops trainierten. Auf diese Weise lernte ich die dort herrschende arbeitsteilige Welt kennen und noch so vieles mehr.

Rolf Nievergelt indes sollte mich weit über den besagten Berufsverband hinaus fördern. Einige Jahre später öffnete er mir eine Tür, die sich meiner Trainerkarriere als noch weitaus förderlicher erwies: Seit 1958 existiert in Europa eine äußerst exklusive Vereinigung hochkarätiger Koryphäen aus den Fachbereichen Marketing, Sales und Management. Diese Vereinigung nennt sich Club 55, die Langform lautet European Community of Sales and Marketing Experts. Die Zahl 55 bedeutet: Diese Organisation vereint maximal 55 handverlesene Persönlichkeiten aus Wirtschaft und Wissenschaft, die hier hinter streng verschlossenen Türen ihr Wissen austauschen.

In diesen überaus erlesenen Kreis, für den sich niemand auf diesem Planeten bewerben kann, schleuste mich Rolf Nievergelt 2001 als Gast ein. Der Club 55 zählte seinerzeit 35 Mitglieder, besagtes Treffen fand in Griechenland statt. Wieder einmal war ich, inzwischen zählte ich immerhin schon 33 Lenze, mit Abstand der Jüngste. Einige Mitglieder hatten noch den Krieg mitgemacht, um mich herum saßen *die* Urgesteine des Verlaufstrainings. Unter ihnen waren Leute, die nur mit den Fingern zu schnippen brauchten, und schon strömten sämtliche DAX-CEOs in ihre Veranstaltungen.

Heinz Meinhardt Goldmann war so jemand, dessen Einladungen die DAX-Vorstände umgehend Folge leisteten: Siemens, Daimler, BMW, Volkswagen, Adidas – alle waren sie zur Stelle, niemand fehlte.

Und genau hierher, wo sich Goldmann und all die anderen Größen unter Ausschluss jeder Öffentlichkeit zu ihrem jährlichen Kongress trafen, brachte mich Rolf Nievergelt. Wenn ich mich richtig erinnere, war in meinem zweiten Jahr Schrauben-Milliardär Reinhold Würth, einer der reichsten Unternehmer

Deutschlands, ja der ganzen Welt, zu Gast, im dritten Jahr Red-Bull-Inhaber Dietrich Mateschitz, ein Jahr darauf Herbert Hainer von Adidas. Jeder von ihnen hielt einen Vortrag, in dessen Anschluss die Mitglieder in Q&A-Sessions ihre Fragen loswerden konnten.

Für mich war das Ganze einmal mehr – und hier auf deutlich höherem Niveau als jemals zuvor – *next level*! Im Vorfeld hatte mich Rolf genau instruiert, wie ich mich in diesem Kreis zu verhalten hatte, und mir obendrein ans Herz gelegt: »Sieh zu, dass du vor Ort 'nen Vortrag hältst!«

Die Beiträge der Mitglieder gingen immer nur 30 Minuten, das galt auch für mich. Mein Vortrag hatte das Thema »Internet für Trainer«. Ich handelte das Ganze anhand meines persönlichen Werdegangs ab, wählte klare Worte und trat stellenweise bewusst provokant auf. Wusste ich doch: Die hier Anwesenden, alle deutlich älter als ich, hatten sich bislang noch nie mit diesem Thema beschäftigt. Wirtschaftlich betrachtet, war ich das mit Abstand kleinste Licht im Saal, im Grunde genommen ein Schüler. Aber in Bezug auf das Internet wusste ich einfach viel mehr als alle anderen. Was ich all diesen hochdotierten Experten da um die Ohren haute, war für sie alle eine neue Welt. Kurzum, ich zündete in jenen 30 Minuten ein wahres Feuerwerk.

Das Auditorium zeigte sich begeistert. Kaum hatte ich geendet, bestürmten alle Rolf Nievergelt: »Wo hast du denn *den* her?!«

Das normale Aufnahmeprozedere für den Club 55 sieht so aus: Du wirst zunächst einmal eingeladen, aber nur als passiver Gast. Die Mitglieder nehmen dich in Augenschein, um zu ermessen, ob du ihrer geschätzten Meinung nach zu ihnen passt. Hast du Glück, wirst du ein zweites Mal eingeladen – und erst dann hältst du einen Vortrag. Der muss derart knackig und überzeugend sein, dass die Club-55-Mitglieder befinden: »Ja, den nehmen wir.«

Ich war der Allererste in der Geschichte dieses exklusiven Expertenklubs, der bereits bei seinem Einladungstermin als Mitglied aufgenommen wurde. Direkt nach meinem Vortrag kamen die Leute zu mir und ließen mich wissen: »Glückwunsch, du bist dabei!«

Das war für mich natürlich eine extrem gute Reputation – allerdings eine, die es in sich hatte. Als Mitglied im Club 55 musst du einmal im Jahr einen Fachaufsatz zu einem Kernthema abliefern. Bei mir ging es immer um Vertriebsorganisation. Jedes Jahr im Juni findet der Club-Kongress statt, entweder in einer europäischen Großstadt oder irgendwo am Mittelmeer. Dieser Kongress geht über eine Woche. Erscheinen ist Pflicht – du darfst nicht fehlen, es zählt keine Ausrede! Außerdem darfst du nicht zu spät kommen und nicht früher abreisen, diese Woche hast du aktiv vor Ort zu sein.

Außerdem war eine relativ hohe Jahresgebühr von mehreren Tausend Euro zu entrichten, die höchste, die ich in diesem Zusammenhang je kennengelernt habe. Vor Ort logierte man natürlich ausschließlich in 5-Sterne-Hotels, alles nur vom Feinsten.

Obendrein herrschten in diesem Club unglaublich viele ungeschriebene Gesetze, wie ich es in dieser Form noch nie zuvor erlebt hatte – ein richtiges Old-Boys-Network. Dieser Verband betreibt keinerlei Öffentlichkeitsarbeit, das Ganze ist ein streng gehandhabter *closed job*. Jeder sprach nur mit vorgehaltener Hand über den Club, getreu dem Motto: »Ja, es gibt da was. Ich könnte dir mehr verraten, aber das Ganze ist so geheim, ich müsste dich anschließend sofort töten.«

Im Gegensatz zu heute gab es damals kaum Frauen im Club, allerdings begleiteten die Ehefrauen ihre Männer zu den Kongressen. Tagsüber arbeiteten die Herren im Konferenzraum, und abends unternahm man etwas, bei dem die Ehefrauen und teilweise auch die Kinder zugegen waren. Wir unternahmen Ausflüge, besichtigten Betriebe in der jeweiligen Region. So besuchten wir auf Kreta einen Weinbaubetrieb, selbstverständlich mit anschließender Weinverkostung. In Valencia statteten wir den Segelteams des America's Cup, die gerade dort stationiert waren, einen Besuch ab, was sich ebenfalls als extrem spannend erwies.

Unter den Clubmitgliedern entstanden wirklich tiefe Freundschaften. Ich selbst habe heute mit der Trainerbranche im Grunde nichts mehr zu tun, aber im Club 55 gewann ich einen richtig guten Freund, mit dem ich bis heute im engen Kontakt stehe. Erich-Norbert Detroy ist 20 Jahre älter als ich und ehemaliger Präsident des Club 55.

Hier dabei zu sein, war wirklich megacool, und ich verdanke es einzig Rolf Nievergelt, der damit drei Meilensteine in meiner Karriere mit setzte: Hatte er mich doch zur Verbandsarbeit im BDVT motiviert, mich in Bezug aufs Internet quasi wachgeküsst und mich obendrein in den Club 55 reingebracht. Obgleich wir nie darüber sprachen und zwischen uns nie diese Vokabel fiel, zähle ich ihn zu meinen wichtigen Mentoren. Rolf förderte mich – und nahmen mich die Leute dann positiv wahr, kassierte er durchaus die Anerkennung dafür. Leider verstarb er im Jahr 2017.

Im Prinzip hatte ich von Beginn meiner Berufstätigkeit an viele Mentoren. Unter ihnen befanden sich etliche, die gar nicht wussten, dass sie meine Mentoren waren. Längst bin auch ich für viele Mitstreiter ein solcher Mentor. Wie so oft im Leben gilt auch hier: Das Ganze ist ein Prozess, der mich immer wieder auf eine neue, höhere Ebene führte. Hierzu später mehr.

Klicke auf den QR-Code, um die neuesten Informationen zu erhalten.

Honorare und Preise – (Irr-)Wege meines Lernens

Auch die entsprechende Höhe meines Honorars sowie die perfekte Organisationsform meines Unternehmens zu finden, erwies sich als überaus spannender Prozess. Dazu vorab: Ich hatte diesen Beruf nicht gewählt, um reich zu werden. Anfang der 1990er wusste ich nicht mal, dass »Verkaufstrainer« überhaupt ein Beruf ist.

Zunächst verkaufte ich der IHK als externer Trainer verschiedene Seminare. Auf meine Anfrage: »Wie hoch ist das dafür übliche Honorar?«, vernahm ich Zahlen zwischen 800 und 1.500 Mark Tagessatz. Wow! Das war der Hammer für mich – und zugleich meine erste Berührung überhaupt mit einem Honorar.

Während meiner Trainerausbildung beim BDVT in Köln schnappte ich ebenfalls ein paar Zahlen auf. Hans Uwe Köhler verlangte damals 7.700 Mark pro Tag, Andreas Bornhäußer lag, wenn ich mich richtig erinnere, bei etwa 7.000 Mark. Diese Summen waren für mich zunächst wahnsinnig weit entfernt. Ich hatte gerade erst angefangen und nahm lange Zeit nur 1.500 Mark – bis ich mich dazu entschloss, das Thema ernsthaft anzugehen.

Dass es schließlich so weit kam, dafür sorgte ein Schlüsselerlebnis: Zusammen mit zwei befreundeten Trainern organisierte ich ein mehrtägiges Trainingsprojekt für eine große deutsche Bank, das wir zu dritt persönlich durchführten. Am Ende kam der Verantwortliche der Bank zu mir und sagte: »Herr Kreuter, Sie haben von den Trainingsteilnehmern das mit Abstand beste Feedback bekommen. Meine Mannschaft konnte mit Ihren Sachen am meisten anfangen. Von allen drei Trainern waren Sie eindeutig der beste!«

Als ich später durch Zufall unser Angebot noch mal in die Finger bekam und die darauf vermerkten Preise las, war das mein Weckruf! Der eine Trainer nahm 5.000 Mark, der andere 8.250 Mark. Ich selbst hatte gerade einmal 3.500 Mark verlangt. »Sch...«, dachte ich, »da bekommst du das beste Feedback von allen und kassierst weniger als die Hälfte von dem, was dein Kollege aufruft!« Von da an verlangte ich von jedem Neukunden immerhin 5.000 Euro – fürs Erste!

Einmal angefixt, ging ich das Ganze systematisch an: Ich nahm ein Blatt Papier zur Hand und schrieb in dessen Mitte: 5.000 Euro. Alsdann zeichnete ich von jener Mitte aus 12 Strahlen und beschloss: Sobald 12 meiner Neukunden diese Summe zahlen, gehe ich hoch auf 6.000 Euro.

Es sollte allerdings sechs Monate dauern, bis der erste Kunde bereit war, mich für 5.000 Euro zu buchen. Und warum? Weil ich selbst nicht daran glaubte, dass ich es schaffen kann, für meine Arbeit ein derartiges Honorar abzurufen. Das aber ist das Wichtigste: *Du selbst* musst an deine Mission und ihren Wert glauben! Anderenfalls funktioniert es nicht. Und siehe da: Gleich in der Woche, in der mich der erste Kunde für 5.000 Euro buchte, kamen noch zwei weitere Kunden dazu.

Ab 2002 begann ich, mit Mitarbeitern zu arbeiten. Carsten Drüber, mein allererster Angestellter, ist übrigens noch heute dabei – dereinst begann er als Assistent, heute ist er eine Führungskraft im Unternehmen. Wir brauchten rund ein Jahr, um den 5er-Klub vollzubekommen. Der 6er-Klub ging viel schneller. Den 7er-Klub brachten wir gar nicht erst zu Ende, 7 fand ich einfach doof. Der 8er ging wieder schnell. Die 9 übersprangen wir kurzerhand, die 10 dauerte ein bisschen länger. Von dort aus erhöhten wir direkt auf 12 – und weiter auf 25. Das Höchste, was mir ein Kunde jemals zahlte, waren 75.000 Euro für vier Stunden Seminar. Heute vermeldet meine Website 100.000 Euro – ein Schutzhonorar, damit mich niemand bucht! Bislang funktioniert es, die 100.000 stehen seit etwa drei Jahren dort. Sobald mich jemand für diese Summe ordert, erhöhen wir mein Honorar erneut.

Seit wir im Jahr 2012 begannen, unser Geschäftsmodell auf offene Seminare umzustellen, die ich dir im folgenden Kapitel näherbringe, verdiene ich mitunter weit mehr als besagte

100.000 Euro pro Tag. Los geht es bei sehr günstigen Seminaren für 49 Euro pro Ticket. Da kommen in der Regel 2.000 bis 4.000 Teilnehmer, was für mich allerdings noch nicht unter Geldverdienen läuft. Folgeseminare beginnen bei 3.000 Euro für ein Ticket, das ist schon eine andere Hausnummer. Hast du beispielsweise 500 Kunden, die jeweils 5.000 Euro für drei Tage Seminar bezahlen, verdienst du pro Tag das 7,5-Fache jener 100.000 Euro. So viel bereits an dieser Stelle zur Änderung meines Geschäftsmodells in Kurzform.

Mir sagte mal jemand: »Eine Prostituierte hat einen geilen Job: Sie hat etwas, verkauft es – und hat es danach immer noch. Sie bekommt dafür aber Geld.«

Bei einem Trainer läuft es sogar noch besser, spann ich den Faden weiter: Du hast etwas, in diesem Fall dein Wissen und dein Können. Das verkaufst du für viel Geld und hast am Ende sogar noch mehr davon, weil du mit jedem Kunden etwas dazulernst. Beide Berufe bergen allerdings einen großen Nachteil: Du tauschst Zeit gegen Geld. Das ist im Grunde genommen dumm, denn auf diesem Wege wirst du nicht wirklich reich. Mit ebendieser Überlegung wurde mir vor ungefähr zehn Jahren schlagartig klar: Willst du richtig reich werden, brauchst du ein skalierbares Geschäftsmodell, das quasi aus sich heraus weiterwächst.

Auf dem Weg dorthin tappte ich allerdings erst mal in eine Denkfalle. »Was bin ich für ein geiler Typ!«, klopfte ich mir auf die Schulter, »ich bekomme so viel Geld pro Tag, das verdienen andere Leute nicht im Monat, einige nicht mal im Jahr. Was bin ich doch für ein Held!« Solcherart Gedanken geisterten mir durch den Kopf. Mein Tageshonorar wirkte dabei wie eine Droge – und hielt mich davon ab, wirklich Unternehmer zu werden. Unternehmer zu sein, bedeutet nämlich, dass nicht du selbst der Mittelpunkt deiner Wertschöpfung bist.

Es dauerte lange, bis ich diesen Fakt wirklich verstanden hatte. Heute arbeite ich mit einem komplett skalierbaren Geschäftsmodell. Der Weg dorthin war allerdings ein bisschen länger, und meine ersten Versuche verliefen alles andere als gut.

Es begann damit, dass ich stetig mehr Aufträge als andere Trainer akquirierte. Diese gab ich regelmäßig gegen Provision an andere Trainer ab, die ich kannte. Das waren erfahrene Trainer, die diesen Job schon viele Jahre machten. Doch wusste ich nicht bei jedem, wie es um seine Qualität bestellt war. Verkaufen konnten sie jedenfalls schon mal nicht, anderenfalls hätten sie ja nicht die Krümel von meinem Kuchen gepickt. Außerdem erwies sich jeder dieser »Partner« ab einer gewissen Umsatzhöhe – vorsichtig formuliert – als nicht mehr loyal. Kurzum: Die Leute betrogen mich.

Es kam zum Beispiel vor, dass ich einem von ihnen drei Seminartage vermittelte – und der Kunde buchte spontan noch mal zehn Tage nach. Der von mir vermittelte Trainer verschwieg mir dies jedoch, was sich als deutlich zu kurz gedacht erwies. Früher oder später kommt ohnehin alles raus. So zum Beispiel, wenn ich besagten Kunden ein paar Monate später traf und fragte: »Hey, wie liefen eigentlich die drei Seminartage?«

»Wieso drei?«, fragte der Kunde da erstaunt. »Wir haben doch viel mehr gemacht!«

In so einem Fall streite ich mich nicht mal mehr rechtlich, sondern beende kurzerhand jegliche Zusammenarbeit. So etwas ist Betrug, nichts anderes.

Die große Wende erlebte ich, wie bereits angedeutet, 2002. In diesem Jahr fing ein Praktikant bei mir an, der mich nach zwei Monaten wissen ließ: »Dirk, was du da machst, das kann ich auch. Bitte, bilde mich aus.«

»Ach, du Sch..., ja, verdammt!« Ich schlug mit der Hand gegen die Stirn – und begann umgehend, Menschen einzustellen und sie höchstpersönlich auszubilden. Meine einzige Bedingung: Sie durften zuvor noch nicht als Trainer gearbeitet haben. Sie mussten in dem Thema ein unbeschriebenes Blatt sein, denn nur so konnte ich sichergehen, dass sie meine Philosophie, meine DNA übernahmen. Dieser Moment markierte meinen ersten echten Ansatz zur Skalierung, und jener Praktikant wurde mein erster angestellter Trainer.

Wir gingen nach dem Chefarzt/Oberarzt-Prinzip vor, sprich: Willst du Dirk Kreuter haben, zahlst du 8.000 Euro pro Tag. Benötigst du hingegen nur meinen Content, kostet es 5.500 Euro. In der Spitze beschäftigte ich fünf festangestellte Trainer. Bis 2015 verdiente ich auf diese Weise gutes Geld. Ungefähr die Hälfte unseres Umsatzes blieb für mich übrig. Das war in Ordnung, bedeutete aber zugleich unheimlich viel Stress.

Die Trainer fuhren nämlich allesamt eine Ego-Nummer. Sie wollten irgendwann allein ihren Namen und ihr Firmenlogo auf ihrer Visitenkarte stehen sehen. Auf einmal wollten *sie* Interviews geben und Bücher schreiben. Sie mochten nicht mehr in meinem Windschatten fahren, sondern wollten mir auf Augenhöhe begegnen. So aber funktioniert das nicht! Es gibt einen Offizier, und es gibt Soldaten. Kurzum: Die Trainer gingen alle irgendwann, einer nach dem anderen. Von dem einen oder anderen weiß ich, dass es ihn als Coach noch gibt. Von anderen indes hörte ich nie wieder etwas.

Mein erster Versuch einer Skalierung funktionierte nicht, weil ich als Führungskraft noch nicht erfahren und reif genug war. Außerdem ist der Trainerberuf von Hause aus sehr Ego-getrieben – und *das* funktioniert im Angestelltenverhältnis einfach nicht. Wie es mir dann doch gelang, dazu im nächsten Kapitel gleich mehr.

Ein großes Aha-Erlebnis war es übrigens, als ich anfing, erfolgshonorierte Seminare zu verkaufen. Die eine Hälfte bekomme ich dafür, dass ich da bin. Sobald wir das anvisierte Vertriebsziel erreichen, bekomme ich die andere Hälfte. Nach oben hin waren hier weder das Vertriebsziel noch mein Honorar gedeckelt. Acht von zehn Kunden stiegen nicht drauf ein.

Wer aber meine Bedingungen akzeptierte, dem war es das Geld am Ende auch wert. Das Ganze ist im Grunde eine Verkaufstaktik, um hohe Honorare durchzusetzen. Gleichzeitig signalisierst du deinem Kunden: Du bist erstens kompetent, und zweitens *glaubst du* an die gemeinsame Mission. Erst mit besagtem Erfolgshonorar kommst du endlich aus der erwähnten »Zeit gegen Geld«-Falle heraus, die dich anderenfalls stets limitiert. Das Ganze kann in Form eines Erfolgsbonus oder sogar einer Beteiligung an dem entsprechenden Unternehmen verhandelt werden. Das Beste daran: Lieferst du gute Arbeit ab, freuen sich am Ende beide Seiten. Nichts anderes besagt der Begriff Win-win-Situation.

Kapitel 3
Skalierung, Digitalisierung und Vorbildwirkung

Digital in die Champions League

Das offene Seminargeschäft bildet in meinem Business ganz klar die Champions League. Viele Kollegen erleiden in dieser Disziplin kompletten Schiffbruch. Und warum? Weil sie das Geschäftsmodell nicht verstanden haben, genau wie etliche Jahre lang auch ich.

Bereits seit 2008 beschäftigte ich mich mit offenen Seminaren – und zahlte in den ersten Jahren eine Menge Lehrgeld. Bis 2011 probierte ich immer wieder etwas aus, was am Ende mehr oder weniger nicht funktionierte. Im Sommer 2011 hielt ich mit meinem Team ein Strategiemeeting ab, in dem wir festlegten: »Wir probieren ein neues Seminarformat aus, die Vertriebsoffensive.« Sie begann mit einem einzigen Seminartag, einem Samstag, an dem ich als einziger Referent vier Vorträge hielt. Dazu veranstalteten wir das Ganze in eigener Regie – ein weiterer wichtiger Punkt. Wir wollten einfach raus aus diesem Stuhlkreis-Format mit 12 bis 20 Teilnehmern. Mit dem, was ich weiß und kann, suchte ich ein großes Publikum, weil das Thema Verkaufen für praktisch jeden relevant ist.

Unser Beschluss lautete: »Wir probieren das Ganze zwei Jahre lang aus. Funktioniert es nicht, machen wir einen Haken hinter die offenen Seminare.« Nach all dem, was bis dahin nicht so recht funktioniert hatte, sahen wir das Ganze als ein letztes Aufbäumen an.

2012 starteten wir mit zwei Veranstaltungen im RuhrCongress Bochum – eine im Frühjahr, eine im Herbst. Zur ersten Vertriebsoffensive kamen 242 Teilnehmer, und es wurden stetig mehr. Weil wir jedoch ein noch viel größeres Publikum ansprechen wollten, gingen wir anschließend mit den Preisen runter. Wir veranstalteten diese großen Events vor allem, um das Eingangstor ins Kreuterversum so breit und so weit offen wie irgendmöglich zu halten. Es war und ist mein Wunsch, wirklich *jedem* die Möglichkeit zu bieten, dass er bei mir etwas lernt. Längst ist die Vertriebsoffensive das mit Abstand größte Verkaufstraining in Europa, dazu gleich mehr.

Von 2012 bis 2016 liefen offene und Inhouse-Seminare für Firmen parallel. In dieser Zeit trennte ich mich von meinen angestellten Trainern, und wir ließen unsere Firmenkunden auslaufen. Seit 2016 setzen wir bewusst einzig auf offene Seminare, denn die bringen viele, viele Vorteile mit sich. So muss ich seither nicht mehr gegen den Widerstand einiger missmutiger Mitarbeiter ankämpfen, die von ihrem Chef ohne jede Erklärung in meine Seminare gesteckt wurden.

25 Jahre lang, von 1990 bis 2015, hielt ich fast nur Trainings in Unternehmen. Die Firma bezahlte das Ganze und schickte mir die dafür bestimmten Teilnehmer, im Trainerdeutsch »geschickte Mitarbeiter« genannt. Manchmal hatten die Führungskräfte jener Unternehmen ihre Leute gar nicht darauf vorbereitet, was sie bei mir erwartete. Mit anderen Worten: Vor mir saßen mitunter etliche Seminarteilnehmer mit abwehrbereit verschränkten Armen, die überhaupt keine Lust hatten, weder auf das Training noch auf mich. Das waren völlig unmotivierte Angestellte, denen komplett der Sinn für das Ganze fehlte. Heute würde ich diese Leute B- und C-Mitarbeiter nennen. Diese musste ich nun zuallererst für mich und das Thema gewinnen.

Lief es gut, brauchte ich dazu bis zur Kaffeepause, also etwa anderthalb Stunden. Gestaltete es sich schwieriger, benötigte ich den ganzen Vormittag, bei richtig harten Brocken den gesamten ersten Seminartag, um diese Leute auf das Training einzuschwören, sie für das Thema zu öffnen, ihr Interesse zu wecken. In der Fußball-Metapher lag ich also zu Beginn stets mit 0:3 zurück – und musste zusehen, dass ich bis zur Frühstückspause oder wenigstens bis zum Mittagessen auf ein 3:3 herankam, um das Spiel am Ende 10:3 zu gewinnen.

25 Jahre lang verfuhr ich derart und dachte: Das ist nun mal so, Menschen funktionieren auf diese Weise. Dabei beobachtete ich: Je größer die Firma, desto größer der Widerstand. Arbeitest du mit einem Konzern, hast du viel mehr B- und C-Mitarbeiter, als wenn du es mit Mittelständlern zu tun hast.

Kurz gesagt, hielt ich all die Kämpfe für normal, bis ich mit meinen *eigenen*, nunmehr offenen Seminaren loslegte. Zu diesen erschienen ausschließlich Freiwillige – Menschen also, die das Seminar aus ihrem eigenen Interesse heraus ausgewählt und aus eigener Tasche bezahlt hatten. Bei ihnen nun spürte ich keinerlei Widerstand. Im Gegenteil, die Leute waren und sind hungrig.

Diese Erfahrung öffnete mir die Augen und lehrte mich: Menschen funktionieren eben *nicht* so, wie ich es in meinen Inhouse-Seminaren bei diversen Firmen erlebt und erlitten hatte. Seit der kompletten Umstellung auf offene Seminare saßen vor mir fast nur noch hochmotivierte, äußerst lernwillige Leute in den Sälen. Das war eine komplett andere Welt!

Ein entscheidendes Learning indes brachten mir all die Kämpfe während der Firmentrainings und Seminare: Habe ich heute doch mal jemanden dabei, der auf der Bremse steht, ist es für mich ein Kinderspiel, ihn einzufangen – eben weil ich 25 Jahre lang immer wieder aufs Neue aus besagter Defensive heraus ins Spiel gestartet war.

Zu alledem hatte ich nun den einst »erlernten« Glaubenssatz, dass qualitativ hochwertige Trainings nur in kleinen Gruppen funktionieren, endgültig über Bord geworfen. Von jetzt an lautete unsere Hauptkennzahl: Wie viele Teilnehmer kommen auf ein Seminar? Je mehr, desto besser. Zunächst ging es mir dabei noch gar nicht so sehr ums Geldverdienen, sondern vor allem um Sichtbarkeit. Ich wollte Marktführer werden, und meine offenen Seminare wuchsen stetig: 2012 arbeiteten wir mit etwa 300 Teilnehmern, 2015 waren es bereits zwischen 1.000 und 2.000. So ging es weiter ganz nach oben, bis wir schließlich in der Dortmunder Westfalenhalle den Weltrekord für das größte jemals auf diesem Planeten abgehaltene Verkaufstraining knackten.

Im Jahr 2016 war ich zusammen mit meinem damals 5-jährigen Sohn Ben in der Dortmunder Westfalenhalle zum Motocross-Rennen. Während wir ganz oben auf den Rängen saßen und uns die Veranstaltung anschauten, sagte ich mir: »Diese Halle würde ich gern einmal füllen mit meinen Events.« Also machte ich einen Plan, die Halle im Jahr 2020 mit einer Kapazität von 10.500 Menschen vollzukriegen. Ich ließ mir eine Kaffeetasse fertigen, die Bilder von so einem großen Event zeigte, dazu die Losung: »2020 = 10.000«.

Ich kommunizierte das Ganze in meinem Team, und alle waren Feuer und Flamme – große Ziele motivieren uns ja immer.

Dann kam die Digitalisierung, und wir verkauften im September 2016 über 10.000 Tickets. Also sagte ich mir: »Warum bis 2020 warten, es läuft doch, jetzt können wir es vorziehen.«

Als Nächstes fragte ich bei der Dortmunder Westfalenhalle an. Es gab einen Termin im Juni 2018 – den buchten wir umgehend, zwei Tage Dortmunder Westfalenhalle. Besondere Herausforderung: Am Sonntag unseres Seminarwochenendes spielte die Deutsche Fußball-Nationalmannschaft in der WM. Obendrein hatten wir wunderschönes Wetter, es war Sommeranfang, überall gab es Public Viewing – und genau dieses Wochenende suchten wir heraus für unser Event, dem wir den Namen »Weltmeister-Offensive« verpassten.

Als wir 22.000 Tickets verkauft hatten, stoppte ich das Ganze. Das Problem bestand nämlich darin: Befinden sich zu viele Menschen in der Halle, hat die Feuerwehr die Möglichkeit, das Ganze abzubrechen, weil die Brandschutzbestimmungen nicht mehr gegeben sind. Mit der Feuerwehr kannst du nicht diskutieren.

Außerdem wollte ich nicht, dass am Ende 2.000 bis 3.000 Menschen vor der Halle stehen, die nicht mehr reindürfen. Da wir damit rechneten, dass aufgrund der Fußball-WM und des schönen Wetters ohnehin nicht alle kommen würden, sagten wir: »Wir verkaufen nur doppelt so viele Tickets, wie Menschen in die Halle passen!« Das Ganze war ein bisschen wie Roulette.

Der Vorverkauf lief also hervorragend, ich freute mich tierisch auf die Veranstaltung. Wir änderten das Programm, organisierten eine Bühnenshow. Es war der Wahnsinn! Außerdem meldeten wir das Ganze beim *Guinness-Buch der Rekorde* an. Zwei Verantwortliche, die das Ganze begleiteten, weilten zur Veranstaltung vor Ort. 45 Minuten lang wurde gezählt, wie viele Teilnehmer im Saal waren. Dazu suchten wir uns einen Block mit 5.400 Leuten heraus, doch insgesamt waren an diesen beiden Tagen 7.500 Menschen in der Halle.

Seinerzeit stand der Weltrekord bei 250 Teilnehmern, aufgestellt in Indien. Das *Guinness-Buch der Rekorde* spricht, soweit ich weiß, von besagten 5.400 Teilnehmern.

Ich war ein wenig enttäuscht, dass wir die 10.000 nicht vollgemacht hatten, und überlegte: »Was kommt jetzt als Nächstes? Noch mal die Westfalenhalle, und dann wirklich 10.000?« Hier aber war mir der Sprung nicht groß genug, woraus die Idee entstand: Das nächste Event findet in einem Stadion vor 35.000 Teilnehmern statt. Dieses Ziel steht nach wie vor auf meinem Vision-Board, ist dort allerdings ohne Datum vermerkt. Aufgrund der wirtschaftlichen Situation in Deutschland, gerade nach der Corona-Zeit, ist es derzeit unsinnig, hier ein Datum anzuvisieren.

Dazu kommt, dass es in Deutschland nur vier Stadien gibt, die im Bedarfsfall ein komplett zu schließendes Dach haben. Wir brauchen hierzulande selbst im Sommer eine solche Halle, damit wir notfalls das Dach zumachen können. Das sind allesamt Fußballstadien, und die unterliegen dem Spielbetrieb. Ob das entsprechende Wochenende dann spielfrei ist, wird vom DFB immer erst recht kurzfristig entschieden. Somit ist das Ganze für uns fast nicht planbar, aber wir werden einen Weg finden, dieses Stadion-Event hinzukriegen.

Die »Weltmeister-Offensive« des Jahres 2018 indes war ein gewaltiges Erlebnis. So ein großes Publikum hatte ich zuvor noch nie. Eigene Organisation, volles finanzielles Risiko – und es lief grandios! Mein Team leistete Besonderes, und die Stimmung war super, sowohl bei den Teilnehmern als auch bei uns. Mit dieser Veranstaltung setzten wir einen Standard, an den bislang in Deutschland noch niemand herankam.

Jeder Mensch kann auf Wikipedia sinngemäß nachlesen: In der Betriebswirtschaft gibt es einen Begriff, der aufzeigt, inwieweit ein Unternehmen in der Lage ist, stetig weiterzuwachsen, ohne dabei fortwährend neu in seine Infrastruktur, die Mittel zur Ankurbelung seiner Produktion oder in sein Personal investieren zu müssen. Diese Fähigkeit nennt man Skalierung – und nur ein kleiner Bruchteil aller derzeit um die 3,3 Millionen in Deutschland gemeldeten Unternehmen ist tatsächlich in der Lage zu skalieren. Aus meiner Erfahrung heraus kann ich sagen: Offene Seminare sind in meinem Business neben und zusammen mit einigen anderen Aspekten, auf die ich noch eingehe, *das* skalierbare Geschäftsmodell schlechthin.

Was die Qualität der Veranstaltung angeht, ist es völlig egal, wie viele Teilnehmer da vor mir sitzen. Die Lerntransfersicherung leidet nicht unter der Gruppengröße, sofern du die richtigen Methoden auswählst und sie jeweils entsprechend anpasst. In meiner Trainerausbildung habe ich dazu wirklich gutes Rüstzeug an die Hand bekommen, angefangen vom Trainervortrag über Rollenspiele bis hin zu Einzel-, Partner- und Gruppenarbeit – und ich habe bei alledem verdammt gut aufgepasst.

Halte ich ein offenes Seminar, greife ich bis heute immer wieder in diesen Methodikkoffer und überlege jeweils: »Welche Inhalte verwende ich für diese konkrete Gruppe?« Wobei ich die Erfahrung machte, dass ich Männer wie Frauen, Alte und Junge, B2B- oder B2C-Kunden am Ende gleichermaßen abholen muss. Dazu wähle ich einfach die Methode und den Content passend zum konkreten Fall. Wie das aussieht? Komm in mein Seminar!

In der heutigen Zeit gibt es nur ganz wenige, die eine derart fundierte Ausbildung genossen haben wie ich. Viele sind als Selfmade-Typen unter dem Motto unterwegs: »Ich probiere das einfach mal aus, und wenn es klappt, hab ich Glück gehabt.« Meine gründliche, lange Ausbildung, diese ständigen Hospitationen sind etwas, was heute den qualitativen Unterschied zu meinen Marktbegleitern ausmacht.

Der Ansatz, mein Geschäft zu skalieren, funktioniert jedoch nicht nur aufgrund meiner Fähigkeiten als Trainer. Denn selbst wenn du der beste Trainer der Welt bist, heißt das noch lange nicht, dass deine offenen Seminare auch funktionieren. Offene Seminare haben zunächst einmal nichts mit der Qualität des Trainers zu tun. Das ist ein komplett anderes Geschäftsmodell, du musst dafür Marketing und Sales beherrschen. An dieser Stelle ein kurzer Exkurs.

Es gibt eine goldene Formel, wie man sein Unternehmen skaliert, die da lautet: Sorge zum Ersten für genügend Nachfrage! Dazu benötigst du ein erstklassiges Marketing und eine Menge *qualifizierter* Kundenanfragen.

Zum Zweiten gilt es, diese entsprechend zu konvertieren. Was bringen dir noch so viele Anfragen, wenn sie nicht in Aufträge münden?

Wer also ein Unternehmen aufbauen will, das sich rechnet, braucht zum Dritten erstklassige Mitarbeiter. Hier ist es grundlegend, die Blender von den Leistungsträgern zu trennen. Um das umzusetzen, benötigst du einen klar definierten Recruiting-Prozess. Sämtliche Punkte dieser goldenen Regel haben wir mit den Jahren immer konsequenter in die Tat umgesetzt.

Aber noch mal einen Schritt zurück: Viele unserer anfänglichen Probleme rührten daher, dass die Digitalisierung bei uns noch nicht Einzug gehalten hatte. Wir hatten das Ganze einfach noch nicht verstanden. Es existiert ein Video aus dem Jahr 2011, in dem ich allen Ernstes erkläre: »Xing, Facebook und all die anderen Social-Media-Plattformen sind völlige Zeitverschwendung. Wer Geld verdienen will, ruft seine potenziellen Kunden persönlich an.« So lauteten meine Worte – seither jedoch hat sich die Welt komplett verändert. Die Digitalisierung entpuppte sich auch für uns als der Gamechanger schlechthin.

Die dazugehörige Geschichte begann 2014 und zunächst völlig unspektakulär. Zusammen mit meinem Mentee Hubertus war ich angeln. Damals befand sich Hubertus, genannt Hubi, in einer Findungsphase, doch war er bereits in jenen Tagen ein extrem begnadeter Angler. Warf er seine Angel ins Wasser, hatte er eine Minute später einen großen Fisch am Haken. Das war wie Magie, aber natürlich brachte Hubi dabei jede Menge Systematik ins Spiel. Heute ist er der Marktführer, was Angelschulen in Deutschland betrifft. Hubi verfolgte seine Sache extrem konsequent und war der Erste, der in Deutschland eine digitale Angelschule ins Leben rief.

Während wir also zusammen angelten, tauschten wir uns über Social-Media-Influencer aus und kamen dabei auf Fitnesscoach Karl Ess aus Stuttgart zu sprechen. »Diesen Karl Ess würde ich gern mal kennenlernen«, sagte Hubi voller Begeisterung, worauf ich erwiderte: »Kontakte ihn doch einfach mal!«

Ein paar Wochen später angelten wir wieder, und Hubi hatte tatsächlich Kontakt mit Karl Ess aufgenommen. Er war zudem äußerst angetan von dessen Marketing und ließ mich wissen: »Am liebsten würde ich mit Karl mal einen Onlinekurs machen.«

Wieder oblag es mir zu erwidern: »Dann *mach* doch einen Onlinekurs mit ihm!«

Im Frühjahr 2015 eröffnete mir Hubi: »Ich hab's wahrgemacht, und sie haben unseren Onlinekurs sogar aufgezeichnet! Würdest du ein Testimonial machen?«

»Dazu muss ich das Ganze gesehen haben«, erwiderte ich, worauf sie mir die Links zu den von ihnen erstellten Kapiteln sandten, die für acht DVDs geplant waren. Im Urlaub auf Mallorca sah ich mir das Ganze online an – jeden Morgen, schön der Reihe nach, alle acht Kapitel. Mir stand der Mund offen, und ich schrieb allmorgendlich seitenweise mit. Dieses Journal besitze ich noch heute – und immer wieder schaue ich in meine Notizen von damals. Was Karl Ess da auspackte, war der blanke Wahnsinn. Nach jedem Kapitel schickte ich das Stoßgebet gen Himmel: »Lieber Gott, lass das nie an die Öffentlichkeit gelangen!«

Dieser Content war so unfassbar gut, ich wollte nicht, dass meine Marktbegleiter *das* sahen. Wow, was für einen Vorsprung hätte ich mit diesem Inhalt!

Sie rückten darin das Thema Positionierung in den Fokus, behandelten unter anderem das Thema Organische Sichtbarkeit und wie man sie hinbekommt. Bis ins letzte Detail vermittelten sie, wie der Algorithmus bei Facebook und YouTube funktioniert, wie die Wertschöpfungskette aufgebaut sein muss, und am Ende ging es um Pay-per-Click (PPC). Zwei Kapitel drehten sich einzig um PPC-Marketing. Es war das erste Mal, dass ich in dieser Intensität den Umgang mit diesem Thema vermittelt bekam. Was soll ich sagen? Der liebe Gott erhörte meine Gebete. Besagter Kurs wurde niemals veröffentlicht.

Diese acht Kapitel markieren meine erste Berührung mit Digitalisierung und Onlinemarketing. Hubis Kurs mit Fitnesstrainer Karl Ess öffnete mir die Augen und brachte mich dazu, tief in dieses Thema einzusteigen. Ich schaute mich um und stieß dabei unter anderem auf eine Konferenz namens Contra, die in jenem Jahr in Düsseldorf stattfand. Auf ihr ließen sich damals lediglich 60 Teilnehmer blicken, heute ist die Contra zusammen mit der

OMR (Online Marketing Rockstars) die erfolgreichste Onlinemarketer-Konferenz in Deutschland.

Als ich im September 2015 dort aufkreuzte, beachteten mich die Leute am ersten Abend nicht einmal. Kunststück, keiner kannte mich. Ich war der Älteste in der Runde, der einzige Trainer unter erfolgreichen Onlinemarketern – und Ralf Schmitz war der König der Affiliates. An jenem Abend wurde ich ihm vorgestellt und sagte: »Hallo, ich bin der Dirk. Ich bin Verkaufstrainer.«

Schmitz sah mich eine halbe Sekunde lang an, brachte ein »Hallo« über die Lippen und war wieder verschwunden. Ich war ihm scheißegal, und so wie er behandelten mich fast alle dort.

Anderntags fand daselbst die »One Idea Mastermind« statt, bei der ich erstmalig dabei war. Als ich das Anfang 2015 zum ersten Mal versucht hatte, sagte deren Initiator Thomas Klußmann zu mir am Telefon: »Ich nehme dich nicht mit rein, dafür du bist zu offlinig. Wir sind alles Onliner. Vergiss es, okay?«

Auf eine solche Ansage reagiere ich immer mit einer Art Beißreflex und bleibe erst recht dran, getreu dem Motto: Okay, ihr macht das zweimal im Jahr – das nächste Mal bin ich dabei! Genauso kam es, und schließlich entschied Thomas: »Alles klar, im September kannst du kommen.«

Auf diesem damals wie heute äußerst exklusiven Event stellten 25 Internetunternehmer jeweils eine Idee vor. Am Ende geben alle Teilnehmer drei Stimmen ab – eigentlich sind es nur zwei, denn jeder wählt zuerst sich selbst – und küren so die aus ihrer Sicht beste Idee.

Ich stellte eine Methode vor, in der ich der erfahrenste Trainer auf diesem Planeten war, nämlich die Geistige Brandstiftung. Verkaufspsychologisch ist es der Weg, dass Kunden Dinge aus Angst kaufen, um Schmerzen zu vermeiden. Ich übertrug nun diese Verkaufstaktik auf das Onlinemarketing. Das war für die anderen absolut neu und entfachte eine riesige Wirkung. Sie waren derart begeistert, dass sie mir am Ende den zweiten Platz zusprachen.

Dafür, dass mich am Abend zuvor keiner von ihnen mit dem Arsch angesehen hatte und mich das Losverfahren obendrein erst im letzten Viertel des Tages an den Start gehen ließ, fand ich es schon cool, bei all diesen Profis auf einmal den zweiten Platz zu belegen. Und siehe da: Plötzlich waren alle ausgesprochen freundlich zu mir und suchten das Gespräch. Damit war ein Knoten geplatzt, die Leute wussten jetzt: »Okay, dieser Dirk Kreuter kann was.«

So also sah mein Start in der Onlinemarketing-Community aus. Allerdings hatte ich zu diesem Zeitpunkt noch keine meiner Ideen in die Praxis umgesetzt. Das sollte sich nun ändern.

Es nahte der 30. September 2016, meine Aktion anlässlich meines 49. Geburtstags: »49 Jahre, 49 Euro, 49 Stunden.« Ich hoffte, 1.000 Tickets für besagte Vertriebsoffensive, mittlerweile unser beliebtestes und bekanntestes Seminar, zu verkaufen. Für das Folgejahr planten wir deutschlandweit sechs Veranstaltungen ein – nun aber begann ein neues Zeitalter!

Innerhalb von vier Tagen verkauften wir 11.500 Seminartickets und hatten damit einen neuen Standard gesetzt – nicht nur in Deutschland. Dieser Erfolg sprach sich herum wie ein Lauffeuer. Die Kombination aus Hunger und Vertrauen, gepaart mit der Bereitschaft, Geld zu investieren, um viel mehr Geld zu verdienen, brachte uns immense Erfolge ein. Am Ende zogen wir 2017 zu den geplanten sechs Veranstaltungen sieben Zusatz-Events durch. Es war der Wahnsinn, ein Megaerfolg!

Allein im Frühjahr 2017 hatten wir sechs Vertriebsoffensiven direkt hintereinander. Das bedeutete, sechs Wochenenden sah unser Rhythmus so aus: Freitag losfahren und aufbauen, Samstag/Sonntag das Event durchziehen, Sonntagabend abbauen und zurückfahren, Montag ins Büro. Das gesamte Team arbeitete sechs Wochen lang ohne Punkt und Komma durch, und alle hatten unheimlich viel Spaß dabei.

An dem ersten Wochenende danach schrieben einige Mitarbeiter in unsere WhatsApp-Gruppe: »Leute, mir fehlt was! Ist euch auch so langweilig? Ich will Vertriebsoffensive machen!« Das war megacool!

Vorbild Dirk

Die Digitalisierung kam genau zum richtigen Zeitpunkt meiner Karriere: Ich war gerade dabei, mich in der Rolle des Vorbilds zu etablieren und die oberste Spitze der Wahrnehmungspyramide zu erklimmen. Du fragst, wie deren Prinzip funktioniert?

Ganz unten, am Fuße der Wahrnehmungspyramide, stehen die Ratgeber. Sie geben in ihren Büchern für 11,90 Euro das Stück super Tipps zu verschiedenen Themenbereichen wie beispielsweise zu einer Scheidung. All die Ratschläge nimmt der Leser gern mit, aber wer den Ratgeber geschrieben hat, ist ihm völlig egal – die Person interessiert hier nicht. Ratgeber bekommen zum Beispiel bei der IHK für ein Seminar 1.000 bis 2.000 Euro am Tag.

Auf der zweiten Stufe stehen die Experten. Sie besetzen jeweils ein bestimmtes Thema. Da ist zum Beispiel Kai Schimmelfeder aus Hamburg, der Fördermittel-Papst. Die letzten 20 Jahre hat er im Prinzip einzig diesen speziellen Themenkreis bearbeitet: Fördermittel und Zuschüsse für Unternehmer. Koryphäen wie er sind Experten, sie beziehen auf dem freien Markt beispielsweise Tagessätze von 3.500 bis 8.000 Euro.

Ganz oben, in der Spitze der Wahrnehmungspyramide, thront schließlich das Vorbild. Hier interessiert es den Kunden im Grunde überhaupt nicht, *was* ein Vorbild inhaltlich genau macht. Die Leute wollen *dich* als Person!

Auch ich bearbeitete am Anfang viele Themen und wirkte als Ratgeber. Bei meinen IHK-Seminaren stand nicht mal mein Name in der Ankündigung, weil er völlig unwichtig war. Die Leute suchten Rat zu diesem und jenem Thema, das sie gerade bewegte, das allein zählte.

Dann positionierte ich mich als Verkaufstrainer und wurde Experte zum Thema Verkauf. 2019 schalteten wir mehr Onlinewerbung als Coca-Cola oder Mercedes-Benz. Ich wurde immer bekannter und hatte schließlich eine Kooperation mit dem Rapper Kollegah. Die funktionierte am Ende zwar nicht, aber ich kam an seine Zielgruppe heran. Das waren lauter junge Männer, die mich auf einmal nicht mehr themenbezogene Dinge fragten wie zum Beispiel: »Wie geht Telefonakquise?«, sondern: »Soll ich studieren? Soll ich bei meiner Freundin bleiben ... zu Hause ausziehen?«

Das markierte meinen Beginn als Vorbild – heute bin ich komplett in dieser Rolle angekommen. Im Grunde könnte ich aus dem Telefonbuch vorlesen, und das Publikum fände es gut. Es geht nicht mehr darum, was ich vorlese; es geht darum, dass ich vorlese.

Meistens finden sich erfolgreiche Sportler, Musiker oder Künstler in der Rolle des Vorbilds wieder. In meiner Branche passiert das eher selten. US-Trainer Tony Robbins hat definitiv eine Vorbildrolle inne, aber er bedient auch die richtigen Themen. Robbins hat ein Business-, ein Beziehungsseminar, eines zur Persönlichkeitsentwicklung, ein Geld- sowie ein Gesundheitsseminar. Damit besetzt er fünf verschiedene Themen, die allesamt sehr gefragt sind, und ist in jedem einzelnen ein echtes Vorbild für seine Zielgruppe. Tony könnte ebenfalls aus dem Telefonbuch vortragen, und die Leute würden Standing Ovations geben. Diese Positionierung genieße ich in meiner Community. Damit einher geht: Leute wie Tony und ich können unsere Preise selbst bestimmen.

Die Kombination, die ich bediene, hat sich als der Gamechanger erwiesen: Mein Standing, das skalierbare Geschäftsmodell der offenen Seminare, multipliziert mit dem Tool Onlinemarketing – und zu alledem ein Sales-Team, das die enorm wachsende Aufmerksamkeit der Community entsprechend konvertieren konnte. Aus dieser Gemengelage heraus erzielten wir diese enormen Umsatzsprünge der letzten Jahre: Während uns sämtliche Aufträge 2015 noch 2 Millionen Euro Umsatz einbrachten, waren es 2022 bereits 80 Millionen Euro Auftragseingang, verteilt über alle meine Firmen. Den Kern dieses Erfolgs bildete eindeutig unsere Sichtbarkeit: Wir taten alles, um bezahlt und organisch maximal in der Sichtbarkeit zu sein.

Außerdem musst du in meinem Business immer flexibel und wandelbar bleiben. Unsere Methoden von 2016 und den Jahren danach funktionieren heute nur noch bedingt, da es mittlerweile um uns herum alle so machen. Ich rüttelte viele Mitbewerber wach, was vielleicht ein Fehler war. Aber so ist eben mein Naturell: Bin ich von etwas begeistert, teile ich das halt gerne. Diese Begeisterung erreicht im Zuge dessen natürlich auch meine Marktbegleiter.

Mein Mindset ist, dass ich immer wieder kopiert werde, sowohl bei Themen als auch bei Titeln, Formaten, Inhalten. Dadurch bin ich gezwungen, innovativer zu sein als alle anderen. Denn natürlich will ich von meinen Kunden nicht hören: »Ach, das hab ich bei dem und dem schon gesehen«, und ich mir dann denke: »Ja klar, weil der und der das von *mir* hat.« Meine Kunden sehen ja nicht, wer der Urheber ist, und denken womöglich: »Das hat der Dirk sich wohl abgeguckt.«

Das spornt mich natürlich an, dass ich mich immer weiterentwickle und innovativ bleibe. Tatsächlich finde ich permanent neue Gelegenheiten zur Innovation. Dazu musst du im Grunde nur einen stetig offenen Zugang zur Materie haben – dazu ein Team an deiner Seite, das sich um die Umsetzung kümmert. Seien es Mitarbeiter, die Ideen liefern, seien es Bühnentechniker oder Kameraleute, die das Ganze praktisch umsetzen und mit denen wir teilweise bereits seit mehr als zehn Jahren zusammenarbeiten. Die Ideen meiner Wegbegleiter sind in der Regel cool – da höre ich genau zu.

Da hätten wir die Firma Go 4 it aus Hagen. Deren Inhaber Dirk Hildebrandt hatte zum Beispiel die Idee, diese großen Buchstaben wie bei »Hashtag Erfolg« oder »Hashtag Wachstum« auf der Bühne zu präsentieren. Heute hat jeder, der irgendwo große Hallen füllt, auf der Bühne große Buchstaben stehen.

Dirk Hildebrandt hatte 2020 auch die Idee mit dem digitalen Studio, das er uns baute und in das wir gingen.

Im Bereich Kameratechnik arbeiten wir seit 2008 mit demselben Anbieter zusammen. Das ist der Stefan von P3 in Kempen am Niederrhein. Er mischt das Videobild, und sind da drei bis acht Kameras aktiv, ist er die ganze Zeit mit mir beschäftigt und gibt mir immer Feedback, wie meine Wirkung in der Kamera gerade ist, wo ich stehen muss und dergleichen mehr.

Wir arbeiten mit unseren Partnern in der Regel sehr lange zusammen, sind dann total miteinander eingespielt. Manchmal sprechen wir bei einem zweitägigen Event nur fünf Minuten miteinander, aber es läuft alles. Die Mitarbeiter unserer Partner und meine greifen wie Präzisionswerkzeuge ineinander. Dadurch ist unsere Fehleranfälligkeit viel geringer, und ich kann mich viel mehr auf meine eigentliche Arbeit konzentrieren.

Und dann habe ich ja noch meine eigenen Leute, die da kommen und sagen: »Wir haben da eine Idee!«

Die Idee zum Eintrag ins *Guinness-Buch der Rekorde* für unsere Vertriebsoffensive mit den meisten Teilnehmern stammte beispielsweise von einer Mitarbeiterin.

Die dritte Ideenquelle ist mein Umfeld, sprich meine Freunde. Von ihnen bekomme ich oftmals Empfehlungen wie: »Geh mal auf die Veranstaltung, kaufe jenes Buch und hör dir mal diese Podcast-Folge und schau dir bei YouTube das Video von jenem Fachspezialisten an.« Unter meinen Freunden gibt es ein extrem hochwertiges Empfehlungsnetzwerk, was gute Ideen angeht.

Die vierte Quelle schließlich entspringt aus mir selbst, meinem steten Drang, zu recherchieren und etwas Neues zu entwickeln.

Das sind meine vier Quellen für Innovationen, und das Tempo ist mittlerweile extrem hoch. Gibt es eine Idee, musst du sie *sofort* umsetzen und darfst keinen Augenblick zögern! »Schnell ist das neue Groß!«, lautet nicht umsonst ein gerade äußerst gängiger Slogan. Zum Glück müssen wir bei keiner Idee überlegen, ob wir uns ihre Umsetzung auch leisten können. Ich besitze die nötige Manpower und verfüge über eine gut gefüllte »Kriegskasse«, die wir jederzeit aktivieren können. Auf diese Art und Weise lässt sich mit Ideen schnell Geld verdienen. Ich investiere gerne, für mich persönlich gebe ich dagegen verhältnismäßig wenig aus.

Autos stellen bei mir zum Beispiel keinen großen Kostenfaktor dar. Allerdings wohne ich zur Miete, was in Downtown Dubai ein durchaus nennenswerter Betrag ist. Was indes wirklich Geld kostet, ist mein Lifestyle. Gehst du hier in eines der angesagten Lokale essen und lädst dabei auch mal Freunde ein, ergibt das zu viert schnell mal 500 Euro, das ist nicht ungewöhnlich.

Ferner gebe ich Geld für Reisen aus, wobei ich privat gar nicht so viel unterwegs bin, vielleicht zweimal im Jahr. Das ist dann entweder die Luxusreise auf die Malediven oder ich bin als Individualreisender *on the road*, zum Beispiel mit dem Mietwagen quer durch Asien. Da übernachte ich zwar in teuren, schicken Hotels, aber tagsüber hole ich mir mein Essen vom Straßenrand und unternehme viel auf eigene Faust. Das sind keine wirklichen Kosten.

Autos, Miete, Lebenshaltung, Reisen – in meiner Wahrnehmung gebe ich echt nicht viel Geld aus. In meinem Umfeld kommen da ganz andere Beträge zusammen. Ich für meinen Teil handele hierbei nach wenigen einfachen Grundsätzen wie beispielsweise: Reichtum ist verzögerte Wunscherfüllung. Ich muss nicht immer direkt etwas kaufen und schlage nur ganz selten mal spontan zu.

Ein weiterer Mindset-Grundsatz lautet: Geld darf sich nie langweilen. Liegt es irgendwo rum und langweilt sich, dann springt es weg. Zu alledem im übernächsten Kapitel mehr. An dieser Stelle nur so viel: Indem ich nicht schnell an meine Liquidität herankomme, überliste ich mich hier im Grunde genommen selbst. Ich müsste erst Aktien verkaufen, eine Immobilie oder Bitcoin – und *das* kostet mich nicht nur Zeit, sondern auch Überwindung.

Verspüre ich allerdings doch mal einen Wunsch, der keinen Aufschub duldet, erfülle ich ihn mir normalerweise selbst. Das sind meistens zeitlich sehr befristete Gelegenheiten wie ein Wochenend-Trip mit Freunden im Privatjet oder eine schicke Uhr, an die man sonst nicht rankommt und die dann auch noch zu Sonderkonditionen zu erstehen ist.

Allerdings gebe ich alles in allem weit mehr Geld für meine Frau Yessi aus als für mich. Warum das so ist? Ganz einfach: Als Mann hast du nur zwei Statussymbole: dein Auto und deine Uhr. Das war's! Ein Anzug ist für mich kein Statussymbol und die Louis-Vuitton-Gürtelschnalle viel zu protzig. Ich habe zwar Dinge, die extrem viel Geld kosten, aber das sehen nur Insider.

Die Frau an des Mannes Seite hingegen besitzt eine viel größere Projektionsfläche: Schmuck, Uhren, Taschen, Schuhe, Accessoires. Das ist eine ganz andere Welt! Meine Frau besitzt sehr, sehr schöne Sachen, die ich ihr geschenkt habe. Es bereitet mir unheimlich viel Freude, zusammen mit ihr, aber vor allen Dingen auch ohne sie – für sie einkaufen zu gehen. Nicht nur am Valentinstag, an Hochzeits- und Geburtstagen, ich halte das auch unterjährig so. Der Blick in den Kleider- und Schuhschrank meiner Frau verrät dem Insider: Von alledem könnte man sich auch eine Immobilie kaufen.

Ich selbst liebe es, in Jeans, mit Sneakers und T-Shirt herumzulaufen. Geht meine Frau an meiner Seite, wissen die Leute: Der Typ muss erfolgreich sein. Vor allem andere Frauen sehen genau, was Phase ist. Sie beobachten die meine und sagen: »Ich weiß, was die Tasche, was diese Uhr kostet.« Das ist ein Statement. Ich mag das, meine Frau ebenfalls, und wir können es uns leisten.

Bei meinen Kindern verfahre ich dagegen anders. Meine Tochter Lia bekommt zwar immer mal was Nettes zwischendurch, aber insgesamt gebe ich für meine Kinder viel weniger Geld aus. Ich mag diese reichen Kids nicht. Sie zeigen oftmals ein überhebliches Auftreten, ohne in ihrem Leben bis dato etwas geleistet zu haben. Das will ich bei meinen Kindern nicht.

Mein Sohn Ben zum Beispiel braucht keine Konsumartikel, sondern Muskeln. Mit seinen 17 Jahren hat er genau dieselbe Figur wie ich damals. Ich wog 65 Kilo bei einer Körpergröße von 1,83 Meter. Andere sagten zu mir: »Was machst du denn hier? Spargel gehört in die Dose.«

Mein Sohn hat einfach meine Gene, und die bewirken, dass wir total dünn sind. Also sagte ich zu ihm: »Du brauchst einen ordentlichen Muskelaufbau, du musst ins Fitnessstudio. Das Leben wird dadurch viel einfacher. Du hast mehr Selbstbewusstsein, kommst ganz anders bei den Frauen an. Nebenbei bemerkt: Mit gut definierten Muskeln wirkst du auch anders auf andere Männer.«

Letztes Jahr im Sommer fingen wir an, zusammen ins Fitnessstudio zu gehen. In acht Monaten legte er 12 Kilo Gewicht zu. Das sieht man noch nicht richtig, da er sehr groß ist. Aber wenn er dranbleibt, ist er mit 20 eine echte Sahneschnitte. Auch ich gehe aus diesen Gründen ins Fitnessstudio. Ich trainiere am liebsten allein und mit meiner Lieblingsmusik auf den Ohren. Beim Sport höre ich weder Podcasts noch sehe ich mir YouTube-Videos an. Ich konzentriere mich ganz auf das, was ich da gerade mache. Fitnessstudio fühlt sich gut an – und du siehst dadurch auch gut aus.

Davon abgesehen treibe ich Sport nach wie vor sehr gern unter freiem Himmel, in der Natur. Ein, zwei Stunden mit dem Surfbrett aufs Meer, einfach traumhaft! Triathlon allerdings ist für mich vorbei. Ich nehme keine Triathlon-Zeitschrift mehr in die Hand, sehe mir keine weiteren Triathlon-Videos an und gehe auch nicht mehr zu den Wettkämpfen. Da blutet zwar mein Herz, aber mein klares Prinzip lautet: Es kommt keine Startnummer mehr an meine Brust. Das gilt nicht nur für Triathlon – überhaupt nehme ich an keinerlei sportlichem Wettkampf mehr teil.

Die Startnummer selbst ist hier nur ein Symbol dafür, in einen Zielkonflikt zu kommen.

Denn sobald ich mich für einen Wettkampf anmelde, egal ob Zehn-Kilometer-Lauf oder Ironman, gilt: Im Moment meiner Anmeldung verpflichte ich mich. In diesem Augenblick fange ich an, ernsthaft zu trainieren – und wenn ich das tue, verliere ich den Fokus auf meine beruflichen Ziele. Viele scheitern daran, dass sie dadurch aus dem Fokus kommen, dass sie einfach zu viel auf dem Tisch haben.

Triathlon ist keine Sportart, die du nebenher machst. Ich würde zum Beispiel nie jemanden einstellen, der sagt: »Ich mache Triathlon.« Keine Chance, auch wenn sonst alles passt. Das ist ein massiver Zielkonflikt. Um also nicht in diesen und in Freizeitstress zu geraten, gehe ich ins Fitnessstudio.

Gehen wir auf Reisen, hat meine Assistentin die Aufgabe, Hotels zu suchen, die ein ordentliches Gym zu bieten haben oder von denen aus fußläufig ein gutes Fitnessstudio zu erreichen ist. Egal, wohin es geht – wenn ich reise, gehe ich ins Fitnessstudio. Es ist immer wieder spannend, die Leute dort zu sehen und zu beobachten, wie sie trainieren und miteinander umgehen.

Ich brauche das einfach. Gehe ich mal zwei Tage hintereinander nicht zum Sport, bin ich unausgeglichen. Es sieht also nicht nur gut aus, fühlt sich nicht nur gut an, sondern sorgt zudem dafür, dass ich ausgeglichener bin. Einen guten Körper zu haben, hat weder etwas mit dem Alter noch mit dem Arbeitspensum zu tun. Apropos Fitness – damit befinden wir uns schon mittendrin im nächsten Thema …

Kapitel 4

Mindset, Geist und Körper

Sport als Akt der Eigenverantwortung

Wenn ich als Teenager zwischen einem Mädchen und einem Surfbrett hätte wählen müssen, hätte ich mich immer für das Sportgerät entschieden. Sport hat mich seit frühester Kindheit geprägt und mein Mindset geformt. Es ist für mich *die* Charakter-Schule schlechthin, denn als Leistungssportler trainierst du nicht nur den Körper, sondern in erster Linie deinen Geist. Da ich fast ausschließlich Individualsportarten praktiziere, verbringe ich dabei viel Zeit mit mir allein, ohne mich jemals einsam zu fühlen. Anerkennung brauche ich auch nicht, ich liebe die stillen Momente. Das alles und noch so viel mehr verdanke ich dem Sport.

Triathlon hat außerdem dafür gesorgt, dass ich mich ausgezeichnet organisieren kann, schließlich musste jede Trainingseinheit minutiös geplant werden. Die dabei zum Tragen kommende Routine stärkt nicht nur die Ausdauer der Muskeln, sondern auch die des Geistes. Es reicht eben nicht, nur zweimal in der Woche zu trainieren, du musst es *jeden* Tag tun! Ruhetage gibt es bei mir bis heute nur, wenn ich krank bin; eingeplant habe ich die noch nie. Meist will dich eh nur wieder dein innerer Schweinehund verschaukeln, indem er dir vorgaukelt: »Du bist heute nicht fit genug für deine Einheit Sport.«

Aber ich habe zu unterscheiden gelernt, ob es mir *wirklich* schlecht geht oder ob da nur mal wieder die Bequemlichkeit zu mir spricht. Das ist seit jeher ein Kampf, den ich heute allerdings nicht mehr allein kämpfen muss. Mittlerweile habe ich gute Helfer wie die Apple Watch an meiner Seite, und mit dem Oura-Ring tracke ich meinen Schlaf. Diese Gadgets zeigen mir zuverlässig an, wenn mit meinem Körper irgendwas nicht stimmt.

Eine Trainingseinheit muss auch nicht gleich ausfallen, wenn du nicht zu 100 Prozent fit bist. Du trainierst einfach ein bisschen weniger. Viele Menschen, längst nicht nur in meinem Alter, lassen sich körperlich komplett gehen und erfinden stets aufs Neue irgendwelche Ausreden, weshalb sie sich aufgegeben haben, keinen Sport treiben und auch sonst kaum Energie haben. In Wahrheit fehlt ihnen lediglich Selbstdisziplin. *Sie* aber ist der Schlüssel zum Erfolg – und zwar in *allen* Lebensbereichen. Noch einmal: Diese Charaktereigenschaft habe ich mir durch den Sport erworben. Selbstdisziplin hat nun mal nichts mit angeborenem Talent zu tun, man trainiert sie sich an.

Außerdem weiß ich genau, wie ich mich richtig ernähren muss, wann es Zeit ist, ins Bett zu gehen und *wie* hart ich trainieren muss, um Erfolg zu haben. Das ist jedoch längst nicht alles, was mir der Sport auf meinem Weg mitgegeben hat. Resilienz beispielsweise habe ich, auch als ich noch in Deutschland lebte, das ganze Jahr über trainiert. Das war damals mitunter eine echte Herausforderung, denn meine Trainingseinheiten fanden etwa die Hälfte des Jahres im Dunkeln statt, dazu meist bei schlechtem Wetter. Aber so war es schon damals bei mir: Habe ich mich zu etwas entschlossen, ziehe ich es auch durch. Völlig egal, ob die Beine vom letzten Training wehtaten. Es interessierte mich auch nicht, ob es gerade regnete oder kalt war. In diesem Moment war *ich* der Herr über meinen inneren Schweinehund – das ist alles, was zählt.

In der Regel trainierte ich allein, genau wie meine damaligen Vorbilder. Das ist etwas völlig anderes, als wenn du in einer Gruppe Sport treibst. Lediglich beim Schwimmen machte ich eine Ausnahme. Natürlich schwamm ich nur zusammen mit Athleten, die stärker waren als ich – aus einem einfachen Grund: Dadurch musste ich meinen Körper regelmäßig überbelasten; und nur so machst du Fortschritte und entwickelst dich. Nachdem du das ein paar Mal derart gehandhabt und dich dabei völlig verausgabt hast, setzt der Kompensationseffekt ein. Auf einmal merkst du: Was vorher kaum möglich war, geht dir plötzlich locker von der Hand. So setzt du neue Standards. Was soll ich sagen, auch wenn ich mich hier erneut wiederhole: Der Sport ist einer meiner wichtigsten Lehrmeister. Er hat mich Selbstdisziplin, Organisation und Resilienz gelehrt. Alle drei sind unerlässliche Eigenschaften für deinen Erfolg. Dieses Mindset hatten auch meine ersten Vorbilder, die allesamt aus dem Sport kamen.

Einer von ihnen war Lance Armstrong. In Deutschland wird der US-amerikanische Ausnahme-Athlet auf das Thema Doping reduziert, aber Lance Armstrong ist weit mehr als dieses eine Kapitel. Er ist verdammt noch mal eine Ikone! Sein Mindset, sein Ehrgeiz, seine unvergleichliche Wettbewerbsorientierung und Selbstdisziplin sind unfassbar! Niemand sonst hat sich derart dezidiert auf den Anstieg am Col d'Izoard oder die legendäre Bergankunft Alpe d'Huez vorbereitet, um hier nur zwei Höhepunkte der »Großen Schleife« zu nennen.

Ich beobachtete Lance allerdings schon, lange bevor er in den Profiradsport wechselte. Vor seiner einzigartigen Karriere dort war Armstrong ebenfalls Triathlet, und ich las in amerikanischen Fachmagazinen *alles* über ihn. Bis heute verfolge ich den Mann in den sozialen Medien. Ein Aspekt seines Mindsets beeindruckt mich dabei besonders: Bei Radrennen verfolgte Lance Armstrong allmorgendlich den Wetterbericht und hoffte darauf, dass es kalt und regnerisch war, denn bei diesen Bedingungen sind die Gegner in der Regel völlig demoralisiert. Kein Mensch fährt gerne sechs, sieben Stunden bei Regen und Kälte auf dem Fahrrad. Das ist alles andere als witzig! Nach einer Stunde spürst du deine Finger nicht mehr, als Nächstes verabschieden sich deine Füße. Du bist nass bis auf die Knochen, aber es liegen immer noch mehrere Stunden vor dir. An solchen Tagen gehen die meisten mit einem langen Gesicht an den Start und hoffen, dass der Wettkampf nicht allzu hart wird. *Das* war der Moment für Lance Armstrong, und er wies sein Team an: »Heute greifen wir an!«

Diese Taktik lässt sich wunderbar auf die Wirtschaft übertragen. Der Angriff erfolgt, wenn alle mit den Umständen und sich selbst beschäftig sind, wie beispielsweise in einer Krise, dazu im folgenden Kapitel mehr. Dieses Mindset habe ich von Lance übernommen, genau wie seine Wettkampforientierung. Lance Armstrong hasste das Training, aber er liebte den Wettkampf. Ich mag zwar auch das Training, aber am Ende geht es auch bei mir um das, was Lance so liebt.

Dave Scott zählt ebenfalls zu meinen Vorbildern. Der US-amerikanische Triathlet ist ein Mentalitätsmonster: 1980 gewann er den Ironman Hawaii das erste Mal, fünf weitere Siege folgten. Dave trainierte stets allein, genau wie sein schärfster Konkurrent Mark Allen, der den Ironman Hawaii ebenfalls sechsmal für sich entschied. Deutsche Athleten spielten in jenem Jahrzehnt eine eher untergeordnete Rolle in der Szene, San Diego in Kalifornien galt als das Epizentrum des Triathlons. In Deutschland indes galten Triathleten seinerzeit als absolute Exoten. Erzähltest du irgendwo, dass du diesen Sport betreibst, lautete oftmals die erste Frage: »Wo ist denn dein Gewehr?«

Trotz alledem hatte ich auch hierzulande meine Idole wie zum Beispiel Dirk Aschmoneit, seines Zeichens bekanntester deutscher Triathlet. Sogar in meinem Heimatort gab es mit Detlef Neubauer einen bärenstarken Typen. War das ein Kerl! Ein wahrer Hüne, 15 Jahre älter als ich und einstmals Mitglied der GSG 9, dieser elitären Sondereinheit der Bundespolizei. Detlef war ein richtiger Freak, der gefühlt den ganzen Tag Liegestütze und Klimmzüge machte. Trainierten wir zusammen, bestaunte ich jedes Mal seinen Trizeps. Detlef zählte zwar nicht zu den absoluten Top-Athleten, war aber in vielen Dingen besser als ich – und inspirierte mich. Er war mir zudem ein Vorbild, das ich wirklich greifen konnte.

Schon lange bevor wir uns kennen lernten, beobachtete ich ihn genau, denn wir begegneten uns nahezu täglich. Die deutschen Freibäder machen normalerweise am 1. Mai auf und schließen im September. Nun gibt es auch in Deutschland schöne Tage, die meisten jedoch kommen eher kühl und bewölkt daher, und es regnet auch gern einmal. In Lüdenscheid im Sauerland, wo Detlef und ich Schwimmen trainierten, waren wir die Einzigen, die auch bei Regen im Becken zu finden waren. Niemand sonst hielt sich im Freibad auf, nur wir zwei zogen im Fünfzigmeterbecken unsere Bahnen.

Dabei fiel mir auf, dass er immer das gleiche Tempo schwamm. Detlef war für mich zunächst wie ein Geist. Kam ich ins Freibad, durchpflügte er zumeist schon das Wasser. Hatte ich mein Training beendet, war er verschwunden. Ich sah ihn nie unter der Dusche, in der Umkleidekabine oder anderswo.

Das war schon ein Ding: Wir schwammen relativ eng nebeneinander, beide in einem unterschiedlichen Tempo – und ich sah ihn immer nur unter Wasser, seinen Beinschlag, den Armzug – und erst Monate später freundeten wir uns an, und unser Kontakt wurde enger.

Dereinst bei der GSG 9 hatten sie Wettbewerbe gemacht wie: Wer schafft die meisten Liegestütze in einer Stunde? Über 1.000 Liegestütze am Stück – das hatte zu Detlefs immensem Trizeps und Brustkorb geführt. Was für eine Maschine! Das gilt mindestens ebenso für seine Mentalität.

Irgendwann hatte sich Detlef für den Ironman qualifiziert und flog nach Hawaii. In der Woche vor dem Wettkampf erwischte ihn beim Baden eine Welle derart unglücklich, dass er auf die Klippen geschleudert wurde und sich dabei einen Rippenbruch zuzog. Der größte Mist, der dir passieren kann! So ein Rippenbruch ist extrem schmerzhaft, du kannst schlecht Luft holen und zum Beispiel nur mit einem Armzug schwimmen. Der andere Arm muss ruhiggestellt sein. Also schwamm Detlef die 3,8 Kilometer mit nur einem Armzug. Das ist für einen trainierten Menschen durchaus machbar, aber du bist dann eben nicht mehr der Schnellste. Beim Radfahren konnte er sich nur mit einer Hand am Lenker festhalten, die andere lag mehr oder weniger auf selbigem, weil er den Arm nicht belasten durfte. An Laufen war gar nicht zu denken, das hieß: Detlef musste die gesamte Strecke von über 42 Kilometern *gehen*, weil alles andere einfach zu schmerzhaft gewesen wäre. Wie auch immer, Detlef brachte das Ding zu Ende, ins Finish! Das beeindruckte mich mega, bis heute ziehe ich meinen Hut vor dieser Willensleistung.

Der Sport formte indes auch bei mir nicht nur das Mindset, sondern selbstverständlich auch meinen Körper. Schaue ich heute in den Spiegel, denke ich: Dirk, du hast alles richtig gemacht! Mittlerweile ist mein Körper das überaus ansehnliche Ergebnis eines regelmäßigen Krafttrainings. Dereinst als reiner Ausdauersportler war ich hingegen ein Spargel und wog vielleicht 67 Kilo. Meine ausgeprägtesten Muskeln waren mein Waden- und mein Herzmuskel. Seit ich mit Krafttraining angefangen habe, hat sich vieles verändert. Heute wiege ich 80 Kilo bei einer Körperhöhe von 1,83 Meter. Das kann sich sehen lassen!

Was ich in diesem Zusammenhang definitiv nicht hören will, sind die Worte »... für dein Alter.« Bei dieser Formulierung bekomme ich Pickel. Ich habe einen super definierten Körper im Vergleich zu anderen, völlig unabhängig vom Alter!

Mein Körper ist mir allerdings nicht nur in Bezug auf mein eigenes Wohlbefinden so extrem wichtig. In meinem Beruf bin ich Vorbild und Motivator für viele Menschen. Stünde ich mit 10, vielleicht sogar 20 Kilo zu viel um die Hüften auf der Bühne und erzählte dem Publikum etwas von Motivation und Selbstdisziplin, wirkte das schlicht und ergreifend unglaubwürdig.

Die Amerikaner sagen »Walk your talk«, was frei übersetzt so viel bedeutet wie »Lass den Worten Taten folgen«. Das ist absolut richtig, obendrein einfachste Küchenpsychologie. Unterm Strich achtet ein Publikum mehr darauf, was du vor*machst* und weniger darauf, was du sagst. Daher kann ich in meinem Beruf nicht übergewichtig, untrainiert und vor allen Dingen nicht ohne Energie daherkommen. Das gilt für sämtliche Kanäle. Weder in einem Onlinekurs noch bei YouTube oder im Podcast, in einem Seminar oder Training darf da eine Lücke klaffen zwischen dem, was ich sage, und dem, was ich optisch darstelle.

Ich bin im wahrsten Sinne des Wortes eine Energietankstelle. Mein Publikum nimmt natürlich auch die Inhalte aus meinen Seminaren mit, und die Leute stimulieren mit ihrer Teilnahme ihr Mindset. Die meisten sagen indes nach einer Begegnung mit mir: »Ich bin jetzt so motiviert. Ich habe so viel Energie getankt, ich fühle mich einfach besser.«

Bist du also als Person eine Inspiration für andere, musst du auch inspirierend aussehen. Darüber hinaus brauche ich meine Fitness, um bei meinen Seminaren wirklich abzuliefern. Trete ich vor ein Publikum, muss ich nicht ins Fitnessstudio gehen. In diesen zwei bis drei Tagen benötige ich jeden Funken Energie für die Bühne. Ich bin dann wie ein Duracell-Hase auf Dope, der sein Umfeld mit dieser Energie ansteckt.

Eigentlich muss jeder, der etwas verkaufen will – im Grunde jeder Vater und jede Mutter, ja, jeder Mensch auf diesem Planeten –, Energie transportieren. Dabei ist es wie gesagt oft sekundär, was du sagst. Es kommt vielmehr darauf an, was du *tust* und *wie* du es tust. Für all das ist Energie unerlässlich. Sport sorgt nicht nur dafür, dass ich genug davon habe, sondern stellt auch sicher, dass ich diese Energie immer abrufen kann, wenn ich sie brauche. Deshalb trainiere ich, und ich trainiere hart! Eine gute Trainingseinheit erkenne ich daran, dass ich danach völlig platt bin. Spüre ich am nächsten Tag bei einer routinierten Bewegung Schmerz, freut mich das. Ich weiß dann nämlich: Das letzte Training war gut – und das fühlt sich klasse an.

Mit dem Sport generiere ich also Energie, aber das ist nur der halbe Trick. An vielen anderen Stellen spare ich nämlich Energie ein, so zum Beispiel mit meinen Routinen. Ich liebe meine Gewohnheiten, sie ermöglichen mir, dass ich an den entscheidenden Stellen meines Geschäftsalltags die richtigen Entscheidungen treffe. Das Ganze ist einfachste körperliche Logik: Wir haben einen Entscheidungsmuskel, der mit der Zeit ermüdet. Ist er erschlafft, treffen wir keine guten Entscheidungen mehr. Ich schone diesen Muskel mit meinen Routinen. Denn je mehr Dinge in meinem Alltag automatisiert sind, desto weniger überflüssige Entscheidungen muss ich treffen.

Meine Fitnessübungen sind zu 80 Prozent immer die gleichen, dazu absolviere ich sie stets an den gleichen Maschinen. Ich frühstücke zu Hause immer die gleichen Sachen und in den immer gleichen Restaurants bestelle ich stets die gleichen Gerichte. Es passiert selten, dass ich in meinem Alltag etwas Neues ausprobiere, *wirklich* selten! Auch auf meinen Seminaren folge ich bei den Formaten, dem Ablauf, der Organisation immer exakten Plänen. Jeder Schritt und jeder Handgriff sind ganz dezidiert auf Papier festgehalten, und das gesamte Team hält sich daran. Das gilt ausdrücklich nicht für den Inhalt.

Ich achte zudem darauf, dass sowohl mein Körper als auch mein Geist in meinem Biorhythmus bleiben, und halte feste Schlafzeiten ein. Normalerweise schalte ich das Licht zwischen 22 und 23 Uhr aus. Auf Veranstaltungen bin ich somit immer der Erste, der geht – es sei denn, ich werde in ein wirklich spannendes Gespräch verwickelt.

Generell ist mir der Abend jedoch längst nicht so wertvoll wie der Morgen. In der Frühe verspüre ich keinen Zeitdruck. Am besten zur Ruhe komme ich, wenn ich mit dem Surfbrett aufs Meer paddle, und das Fitnessstudio ist mein Kloster. In all diesen Momenten denke ich viel nach, bin komplett bei mir. Diese Zeiten brauche ich – und bei alledem kein riesiges Gefolge, wie es einige »Prominente« gern um sich scharen. Mein Kreis ist klein, und ich bin sehr gerne allein unterwegs.

Tim Grover, Trainer der Basketball-Legenden Michael Jordan und Kobe Bryant, sagte einmal zu diesem Thema: »Je erfolgreicher jemand ist, desto kleiner wird sein Kreis.« Hier ist, zumindest was mich betrifft, jede Menge Wahrheit dran. Dennoch bin auch ich natürlich nicht stets und ständig allein unterwegs, womit wir wie von selbst beim nächsten Punkt angelangt sind.

Dein Umfeld gewinnt immer!

Ein weiterer wichtiger Aspekt für deinen Erfolg ist dein Umfeld. Noch vor zehn Jahren war es bei jedwedem Seminar kein Thema, heute besetzt es eine zentrale Stelle. Kaum ein Trainer bezieht das Umfeld nicht in seine Arbeit mit ein. Viele reduzieren dieses Umfeld allerdings auf die Menschen, die einen umgeben, dabei beinhaltet das Umfeld noch so viel mehr.

Zum Ersten ist es der Ort, an dem du lebst. Mein persönlicher Kraftort ist Dubai. Dieses Emirat gibt mir eine Energie, wie dies noch nie zuvor ein Ort vermochte. Ich fühle mich an vielen Plätzen auf dieser Welt sehr wohl, aber keine andere Metropole ist wie diese. Dubai ist die größte Stadt der Vereinigten Arabischen Emirate und Wachstum pur. Überall wird gebaut, an jeder Ecke entsteht etwas Neues, Großes, wunderbar Einzigartiges. Dubai ist eine Metropole der Superlative. Niemand hier würde sich mit einem zweiten Platz zufriedengeben.

Diese Herangehensweise ist Teil der arabischen Kultur und zugleich purer Treibstoff für *jedes* Unternehmen. Willst du also mit deinen Unternehmen erfolgreich sein, musst du an einen aufstrebenden Ort. In einem derartigen Umfeld geben alle Vollgas, das ist ein Naturgesetz. Deutschland und Europa sind hingegen eher damit beschäftigt, das Erreichte zu bewahren. Gleichzeitig wird die Bürokratie immer komplexer. Das alles ergibt eine zähe Mischung, die Wachstum schwieriger macht. In so einem Umfeld ist es also noch anspruchsvoller, als Unternehmen zu prosperieren.

Zum Zweiten ist dein Umfeld das Haus, in dem du wohnst. Es besitzt ebenfalls eine besondere Energie und hat damit einen entscheidenden Einfluss auf jede Person, die in ihm lebt. Seit der Pubertät wollte ich am Strand leben. Diesen Traum erfüllte ich mir in meinem ersten Jahr in Dubai. Eine super Zeit, aber die Impulse, die ich hier empfing, lauteten allesamt: Urlaub machen! In diesem Umfeld hielt ich es kaum zwei Stunden am Schreibtisch aus.

Jetzt lebe ich im pulsierenden Herzen von Downtown Dubai, im Burj Khalifa, dem höchsten Gebäude der Welt. Hier haben wir die schnellsten Aufzüge, den höchstgelegenen Swimmingpool dieses Planeten, zu meinen Nachbarn zählen Mitglieder der saudischen Königsfamilie, Schauspieler, Spitzensportler und Superreiche. Sie alle bilden ein Umfeld, das mir jede Menge Energie gibt.

Drittens ist dein Umfeld auch das Büro, in welchem du arbeitest. Ein gutes Büro ist unfassbar wichtig für den Erfolg deiner Arbeit. In Bochum wollte ich von Anfang an ins Exzenterhaus. Von unserem alten Bürogebäude aus sah ich tagtäglich dessen Rohbau heranwachsen. Jeden Tag stand ich im Konferenzraum an der Scheibe und sagte zu mir: »*Da* will ich hin!«

In dem Augenblick, da ich die Nummer des Architekten hatte, rief ich ihn an. Er wollte mir zunächst nur eine komplette Etage mit 360 Quadratmetern vermieten. Damals, mit gerade einmal zehn Mitarbeitern, war das völlig indiskutabel. Aber ich blieb hartnäckig, und am Ende waren wir die Ersten, die ins Exzenterhaus einzogen. Heute belegen wir mehr als 1.000 Quadratmeter auf vier Etagen. Die Miete ist zwar höher als in jedem anderen Gebäude in Bochum, aber das ist mir egal. Aus gutem Grund, denn auch diese Immobilie besitzt eine besondere Energie. Von meinem Büro aus genieße ich die Weite, und der Ausblick bietet meinen Augen Platz.

Darüber hinaus ziehen derartige Premiumbüros die richtigen Menschen an, mit denen ich gerne zusammenarbeiten möchte. Mit rein zweckmäßigen Bürogebäuden angelt man heute keine A-Mitarbeiter mehr. Die haben nämlich Wahlmöglichkeiten und picken sich natürlich nur das Beste heraus.

Diese Büroraumtaktik fahre ich mittlerweile auch in Dubai. Letztes Jahr habe ich hier ein Büro in einem der modernsten und schönsten Tower der Stadt gekauft: dem Opus Tower in Business Bay. Die Lobby teilen wir uns mit einem 5-Sterne-Hotel. Die Kosten sind immens, und mieten wäre wohl billiger. Aber letztlich gehe ich mehrmals die Woche zur Arbeit, also will ich mich auch dort wohlfühlen. Das beste Ambiente gibt mir die optimale Energie, und meinen Mitarbeitern ebenfalls.

Weiterhin gehören zu deinem Umfeld überhaupt all die Dinge, die dich umgeben – natürlich auch das Auto, das du fährst. Das bewirkt insbesondere bei Männern eine Menge. Bei Frauen sind es eher Klamotten und die Louis-Vuitton-Tasche. In Deutschland halten das zwar viele für oberflächlich und materialistisch, aber ich weiß: Das alles *macht* etwas mit dir.

Deshalb gestatte ich meinen Kindern auch nicht, Kopien zu kaufen. Das ist bei uns streng verboten. Warum? Mit Fakes betrügst du andere, indem du ihnen suggerierst, dass du erfolgreich bist – dabei bist du es gar nicht, sonst könntest du dir ja die Originale leisten. Das Schlimmste dabei ist jedoch, dass du dich in erster Linie *selbst* betrügst. Dein Unterbewusstsein spürt dann nämlich genau, dass du in Wahrheit ein Blender bist – und dementsprechend verhältst du dich.

Kommen wir nun zum letzten Punkt – es ist genau jener, den alle beim Thema Umfeld für gewöhnlich als Erstes nennen: die Menschen in deinem Leben. Sie formen dich und deinen Charakter wie kaum etwas anderes. Deswegen ist es so wichtig, weise zu wählen, mit wem du deine Stunden teilst. Managementlegende Jim Rohn sagte mal: »Du bist der Durchschnitt der fünf Menschen, mit denen du die meiste Zeit verbringst«, und er hat recht.

Im Idealfall sind deine fünf engsten Mitmenschen gut und förderlich für dich. Dabei müssen sie nicht zwingend physisch in deiner Nähe sein. Sogar Idole und Vorbilder können zu deinem engsten Umfeld gehören, wenn du nur genügend Zeit mit ihnen verbringst. Das kann selbst Julius Cäsar sein, wenn man seine

Schriften wie *Commentarii de Bello Gallico* oder die *Commentarii de Bello Civili* liest, Podcasts über ihn hört, Dokumentationen schaut oder in Rom auf seinen Spuren wandelt. Auf diese Weise lassen sich Vorbilder wie Steve Jobs, Reinhold Würth, Jeff Bezos oder Elon Musk in den Kreis deiner fünf Engsten integrieren.

»Dein Umfeld gewinnt immer!«, ist ebenfalls ein immens wichtiger Mindset-Spruch. Im Amerikanischen gibt es ein Buch namens *Willpower Doesn't Work – Discover the Hidden Keys to Success*, geschrieben von Benjamin Hardy, das besagt: Selbstdisziplin allein funktioniert nicht. Der Autor will damit vermitteln: Es geht am Ende vor allem darum, mit welchen Menschen du dich umgibst.

Willst du zum Beispiel ein Start-up gründen und kommst aus Lüdenscheid, hast du dort in der Regel ein Umfeld von Arbeitnehmern, aber keine große Anzahl grandioser Unternehmer um dich herum. Gründest du dein Start-up in Berlin, sieht das schon ganz anders aus. Dort leben viele Gründer, du gehst in eine Gründer-WG, arbeitest in einem Co-Working-Space, knüpfst Kontakte, errichtest dein Netzwerk.

Oder nimm einen Jungen, der Fußballprofi werden will. Wird er das in Lüdenscheid-Süd? Wohl eher nicht. Geht er jedoch auf Schalke oder in Dortmund ins Fußballinternat, ist die Wahrscheinlichkeit viel größer, dass aus ihm ein Profi wird. Einfach, weil dort alle um ihn herum Fußball denken, reden und leben. Auch hier spiegelt sich – wie in unzähligen anderen Beispielen – die über diesem Kapitel stehende Botschaft.

Für aktuelle Einblicke scanne den QR-Code.

Ernährung – du hast es in der Hand

Aber nicht nur das Umfeld übt einen gravierenden Einfluss auf dein Dasein aus. Auch die Ernährung ist hier keineswegs zu unterschätzen. Bereits vor mehr als 30 Jahren habe ich mich intensiv mit dieser Thematik beschäftigt – und schoss dabei gelegentlich ein wenig übers Ziel hinaus. So las ich zum Beispiel ein Buch aus der Feder eines absolut anerkannten Ernährungspapstes, der Dinge propagierte wie: Kein Mensch braucht Fleisch, Fisch, Zucker und sonst irgendetwas, das über 65 Grad Celsius erhitzt wurde.

Daran hielt ich mich – genau zwei Wochen lang. Zwar verlor ich mit der Methode unglaublich viel Gewicht, doch erwies sich diese Ernährungsweise für mich als nicht praktikabel. Fleisch rührte ich allerdings 19 Jahre lang nicht an. Ich war davon überzeugt, dass es unheimlich lange braucht, um von meinem Körper verdaut zu werden. Das wiederum kostet Energie, von der ich zu keiner Zeit und zu keinem Preis etwas abgeben wollte. Weil ich jedoch zugleich große Mengen an Protein brauchte, fing ich an, unheimlich viel Fisch zu essen: Thunfisch- oder Lachs-Steaks sowie Sushi vertilgte ich bergeweise. Gerade in Dubai gibt es exzellentes Sushi, und ich griff bestimmt sechsmal die Woche zu. Dann kam die Pandemie und das Virus erwischte mich voll.

Die Ärzte sagten: »Corona nahm bei Ihnen einen schweren Verlauf.« In der Tat war ich sogar ein paar Tage im Krankenhaus. Ich fühlte mich zuvor topfit, trotzdem haute mich dieses Virus komplett aus den Schuhen. Es dauerte mehr als ein halbes Jahr, bis ich wieder bei meiner ursprünglichen Leistungsfähigkeit angelangt war.

Da mir das Ganze absolut unerklärlich erschien, ließ ich ein großes Blutbild machen – dessen Ergebnis mir einen Schock versetzte. Ich hatte extrem hohe Schwermetallwerte im Blut. Die zulässigen Standardparameter waren bei mir um mehr als das Vierzehnfache überschritten. Über mehrere Monate hinweg musste ich regelmäßig zur Blutreinigung. Selbst meinen Arzt, der bereits das Blut Hunderter Menschen gereinigt hatte, überraschten meine Werte über alle Maße. »Tja«, konnte ich dazu nur sagen, »das können nur 19 Jahre exzessiver Sushi- und Fischkonsum anrichten.« In Fischen reichert sich vor allem Quecksilber an, Reis ist mitunter mit Arsen belastet.

Anschließend fing ich wieder an, zumindest Hühnchen zu essen. An rotes Fleisch wagte ich mich erst nach ein paar Monaten. Mein erstes Steak – was für ein Geschmackserlebnis, nie vergesse ich diesen Moment! Mit jedem Bissen kamen Erinnerungen wieder, schließlich war ich in einem Fleischhaushalt großgeworden. Und da ich nun mal ein Mensch der Extreme bin, aß ich fortan jeden Tag ein Steak, wirklich *jeden* Tag. Fragte meine Frau: »Wo gehen wir heute essen?«, erwiderte ich nur: »Dort, wo es ein gutes Steak gibt!«

Fisch dagegen rührte ich nicht mehr an, jedenfalls so lange, bis sich meine Werte wieder im normalen Bereich befanden. Inzwischen esse ich auch wieder Sushi, ziehe aber nach wie vor ein richtig gutes Steak vor. Der Glaubenssatz, dass mich Fleisch Energie kostet, hat sich übrigens nicht bewahrheitet. Ich habe genauso viel Energie wie zu jener Zeit, in der ich mich ohne Fleisch ernährte.

Mittlerweile esse ich wieder alles, achte aber darauf, dass weniger Kohlenhydrate auf meinem Teller landen, insbesondere morgens beim Frühstück. Seit Jahren besteht mein kulinarischer Start in den Tag aus fünf Spiegeleiern, Lachs, Oliven, Joghurt und Avocado – alles in extrem großen Mengen. Ich frühstücke unglaublich viel, weil ich morgens die nötige Ruhe zum Essen habe und weiß: Das ist die Grundlage für meinen Tag.

Lunch mag ich dagegen nicht. Mit dem Mittagessen halte ich es wie Gordon Gekko aus dem Film Wall Street und folge dessen Motto: »Lunch is for losers.« In der Mitte des Tages zu essen, unterbricht meinen Arbeitsfluss – das ist furchtbar! In Dubai gehe ich nur zum Lunch, wenn er Bestandteil eines Business-

Meetings ist. Ansonsten esse ich nebenher Sashimi, oder ich bestelle mir zwei große Matcha Latte von Starbucks. Von denen bringt es einer auch auf seine 300 Kalorien. Zwei sind also fast wie ein Mittagessen, aber sie entziehen mir keine Energie. Im Gegenteil!

Matcha trat vor zwei Jahren in mein Leben und ersetzt dort mittlerweile Red Bull. Nach 15 Uhr indes kommt mir kein Matcha mehr in den Becher, weil das meine Schlafwerte negativ beeinflussen würde. Auch hierbei neige ich mitunter zum Extremen: Für einen besseren Schlaf gehe ich sogar hungrig ins Bett. Alles, was ich nach 20 Uhr esse, beschert mir einen schlechten Schlaf.

Ich trinke auch kaum Alkohol. Wie sich ein Rausch anfühlt, weiß ich nicht, denn ich war noch nie in meinem Leben betrunken. Noch nie! Ich bin ein Kontrollfreak, deshalb meide ich Alkohol. Schließlich habe ich bereits genügend Menschen erlebt, die im Suff Dinge äußerten, die sie später bitter bereuten. Eine Entschuldigung nach dem Motto »Ich war betrunken, ich hab das nicht so gemeint« kann ich nicht gelten lassen, denn das genaue Gegenteil trifft hier zu. Alkohol schaltet bei einem Menschen die Filter aus und fördert so die Wahrheit zutage. Zudem gibt es auch gar kein alkoholisches Getränk, das mich geschmacklich reizt. Ich trinke im Jahr vielleicht drei Glas Lambrusco beim Italiener. Champagner schmeckt mir gar nicht. Höchstens, wenn es süßen Sekt gibt, trinke ich mal ein halbes Glas. Alkohol richtet mehr Schaden an, als dass er nützt.

Das Gleiche gilt für Nikotin. Mit 15 war ich mal sechs Wochen lang Raucher, weil es in meinem Umfeld alle so hielten. Und weil es eben alle machten, ließ ich es schließlich wieder sein. Drogen probierte ich auch nie aus und habe auch nicht vor, es jemals zu tun – ebenfalls weil ich ein Kontrollfreak bin.

Dafür unterstütze ich meinen Körper wie den Geist mit Supplementen und Nahrungsergänzungsmitteln. Ich nehme die unterschiedlichsten Sachen zu mir: Proteine, Omega-3-Fischöl, Kreatin oder Testosteron. Letzteres nehme ich, seitdem ich über 50 Jahre alt bin. In dieser Phase sinkt der natürliche Testosteronspiegel, und das gleiche ich aus. Testosteron ist einer von etwa einem Dutzend Stoffen, die ich supplementiere – und es tut mir gut.

In meinem Freundeskreis machen das alle. Wir nehmen alles, was mehr Leistungsfähigkeit verspricht und den Alterungsprozess hinauszögert. Kurzum: Wir betreiben Biohacking. In der Regel empfiehlt mir einer meiner Freunde etwas, was ich daraufhin ausprobiere. Reagiert mein Körper positiv, bleibe ich dabei. In Dubai gibt es zum Glück allerhand Möglichkeiten, die in Deutschland undenkbar wären: Von der einfachen Vitamin-Infusion über konzentrationssteigernde Mittel bis hin zu spannenden Hormon-Cocktails gibt es hier Anbieter für jeden Bedarf.

Einer meiner Favoriten ist zum Beispiel so ein Jungbrunnen-Hormon, das mir merklich mehr Energie verschafft. Mit diesem Stoff im Blut steigerst du im Fitnessstudio deine Leistungskraft locker um 10 bis 20 Prozent – und das ist nur einer seiner vielen positiven Nebeneffekte. Auch Immunbooster lasse ich mir regelmäßig spritzen, so zum Beispiel am Tag, bevor ich nach Deutschland fliege. Der lange Flug, die trockene Kabinenluft und die Klimaveränderung stressen, mit der Infusion steckt mein Immunsystem das alles aber gut weg. Solche Infusionen gönne ich mir regelmäßig, denn sie tun mir merklich gut. Die Effekte halten indes nicht lange an, spätestens nach zehn Tagen befindest du dich wieder auf einem normalen Niveau. Das wäre eigentlich der Zeitpunkt für die nächste Infusion. Viele machen das, ich dagegen greife nur zu diesen Mitteln, wenn außerordentlich anspruchsvolle Tage vor mir liegen.

Wirklich spannend sind allerdings die Wechselwirkungen unter den Supplementen. Das ist die Kür des Biohackings. Zu meinen Freunden zählt Frank. Er ist ein erfolgreicher Apotheker, der mir genau sagt, wie ich was dosieren oder kombinieren muss, um einen speziellen Effekt zu erzielen. Das ist Gold wert!

Für deutsche Verhältnisse mag das alles ein wenig verrückt klingen, aber ich sehe es ganz nüchtern: Indem ich konsequent die mir gegebenen Möglichkeiten ausschöpfe, übernehme ich Verantwortung für mich und meinen Körper. Durchschnittsmenschen haben diese Verantwortung abgegeben. Sie gehen erst zum Arzt, wenn es ihnen nicht mehr gut geht, und erwarten dann, dass es der Herr Doktor schon irgendwie richten wird. Sie lassen sich ein paar Medikamente verschreiben, ändern sonst aber nichts an ihrem Leben. Bluthochdruck, Diabetes oder Rückenschmerzen gehen davon jedoch nicht weg.

Ich hingegen lasse es gar nicht erst so weit kommen, dass es mir schlecht geht, sondern sorge vor, auch im Büro. Wenn ich weiß, vor mir liegt ein längeres Zoom-Meeting von zwei oder drei Stunden, bestelle ich mir gern die Nurse ins Büro, und sie legt mir die Infusion. Die kann ich dann während meines Zoom-Meetings reinlaufen lassen. In meiner Welt ist das normal. Ich sehe das hier in Dubai auch bei meinen Mitarbeitern. Steht eine große körperliche Herausforderung an, haben wir mehrere Event-Tage vor uns und jemand fühlt sich gesundheitlich angeschlagen, bestellen wir die Nurse, sie legt die Infusion – und Attacke!

Generell herrscht in Deutschland in Sachen Gesundheit noch ein ganz anderes Mindset. Zeige ich beispielsweise in einer Instagram-Story, dass ich während eines Zoom-Calls eine Nadel in der Vene habe und am Tropf hänge, fragen die Leute: »Dirk, bist du krank, was fehlt dir?« Der Gedanke, dass mir die Infusion guttut, kommt dabei niemandem in den Sinn.

Um auf dem Laufenden zu bleiben, scanne einfach den QR-Code.

Kapitel 5

Das liebe Geld

Geld als geprägte Freiheit

Als im Frühjahr 2020 die Corona-Pandemie begann, wohnte ich mit meiner Frau bereits seit einigen Jahren in Dubai. Stück für Stück bereitete das Emirat den Lockdown vor. Es begann damit, dass wir zunächst ein paar Nächte nicht auf die Straße durften. Bald darauf konnten wir mal ein Wochenende nicht raus – schließlich folgte der Full-Lockdown: *Niemand* durfte mehr raus.

Wie lange würde das Ganze dauern? Ich wusste es nicht. Freunde von uns waren gerade im nördlich gelegenen Emirat Ra's al-Chaima, anderthalb Autostunden von uns entfernt. Hier verbrachten sie die Corona-Zeit in einem Ritz-Carlton 5-Sterne-Hotel direkt am Persischen Golf. Das klang reizvoll, handelte es sich dabei doch nicht um ein einzelnes Gebäude, sondern um ein weiträumiges Gelände mit 32 Villen, obendrein ganz in unserer Nähe. Ich beschloss: Auch wir mieten dort eine dieser Villen. Wir waren also gerade mal einen Tag zu Hause eingesperrt, als ich zu meiner Frau und meiner Tochter sagte: »Packt die Sachen, morgen früh fahren wir ins Ritz-Carlton!«

Zugegeben, das Ganze kostete mich einige Überwindung, denn sie wollten eine ganze Menge Geld für unseren Aufenthalt in Freiheit haben. Auf der anderen Seite sollten wir in Ra's al-Chaima die vier schönsten Wochen jenes Jahres verbringen. Wir hatten dort einen eigenen, schönen Garten, einen Pool nur für uns. Jeden Morgen frühstückten wir zusammen mit unseren Freunden an einem langen Tisch auf der Restaurant-Veranda, zu zwölft. Auch das Abendessen genossen wir gemeinsam. Wir wohnten direkt am Strand, und jeden Morgen paddelte ich mit dem Surfbrett raus aufs Meer. Da weder Motorboote noch Jetskis unterwegs waren, sah ich unter meinem Surfbrett auf einmal Schildkröten und meinen ersten Hai in freier Wildbahn. Auch wir konnten uns völlig frei bewegen. Niemand fragte uns nach Impfung, Maske oder Mindestabstand. Es war wirklich das Paradies! Wären da nicht die negativen Nachrichten auf Social Media auf dem Handy gewesen, wir hätten nichts von all dem mitbekommen, was da draußen in der Welt gerade passierte. Viele der Hotelgäste blieben in ihren Villen und zeigten sich nicht ein einziges Mal am Strand, somit hatten wir den ganz für uns allein. Die enorme Ausgabe hatte sich also mehr als gelohnt, und jeden Tag sagte ich mir: »Wie großartig ist das eigentlich hier!«

Das alles war mir nur möglich, weil ich genug Geld auf dem Konto hatte – und weil ich bereit war, es zu ebendiesem Zweck auszugeben. Mit der Hilfe meines Geldes sah ich mich in die glückliche Lage versetzt, meine Frau und meine Tochter vorm Eingesperrtsein zu schützen. Wir konnten einfach raus, was wir in vollen Zügen genossen.

In Deutschland liefen diese Lockdowns nicht ganz so krass ab. Manchmal sind die Emirate eben richtig streng und setzen derartige Verordnungen megakonsequent um. Das Ganze variierte allerdings von Emirat zu Emirat, und in Ra's al-Chaima war ein Scheich offenbar nicht ganz so überzeugt von diesen strengen Corona-Maßnahmen, weshalb das Ganze dort etwas lockerer gehandhabt wurde.

Diese kleine Episode bringt es, denke ich, genau auf den Punkt: Wer Geld hat, genießt die entsprechende Wahlfreiheit und besitzt damit die Möglichkeit, die Entscheidungen zu treffen, die ihm am gewinnbringendsten erscheinen.

Ein berühmter Lehrsatz besagt: »Wer gesund ist, hat viele Ziele. Wer krank ist, hat nur ein einziges.« Das lässt sich, wie wir am oben geschilderten Beispiel bewiesen sehen, wunderbar aufs Geld übertragen. Wer genug Geld hat, will und kann auch und gerade als Unternehmer vieles erreichen, sprich, seine Ziele verfolgen. Wen aber anstehende Rechnungen drücken und regelmäßig die Bank anruft, um ihn daran zu erinnern – der hat nur ein Ziel: Er will möglichst schnell liquide sein, um wieder *frei* agieren zu können. Hast du kein Geld, triffst du zwangsweise einzig budgetbezogene Entscheidungen, die jedoch nicht auf deine eigentlichen Ziele eingehen. Das ist ein gewaltiger Unterschied.

Weil ich dem Geld in meinem Leben lange Zeit keine Priorität einräumte, hatte ich auch keins. Denn dorthin, wo du deinen Fokus setzt, fließt zwangsläufig auch deine Energie. Ist dir Geld also nicht wichtig, kommt es auch nicht zu dir. Genauso verhält es sich mit deiner Gesundheit: Kümmerst du dich nicht um sie, hast du damit den entsprechenden Körper mit allen denkbaren Zipperlein und sonstigen Unzulänglichkeiten.

Halten wir also fest: Geld verleiht dir zunächst einmal Freiheit, was uns sogleich zum nächsten Punkt bringt: Was bedeutet eigentlich dieser so oft gebrauchte Begriff – ja, verdammt, was bedeutet Freiheit?

Auch um dies zu beleuchten, blicke ich hier zuerst mal auf mein eigenes Leben. Bis heute wohne ich zur Miete. Bereits in Deutschland hielten wir es so. Wir hatten dort wunderschöne Häuser, aber ich lebte in ihnen stets zur Miete, genau wie jetzt in Dubai. Im Burj Khalifa sind die Nebenkosten extrem hoch, die höchsten in Dubai überhaupt. Das höchste Gebäude der Welt ist auf jeden Fall zugleich das mit den höchsten Nebenkosten, und das will etwas heißen! Würdest du hier ein Appartement in der Größe des von uns bewohnten kaufen, müsstest du 150 Jahre darin wohnen, um günstiger wegzukommen, als wenn du es mietest. Rechnerisch wäre das also alles andere als eine clevere Lösung.

Auch hier geht es wieder ums Mindset. Viele Menschen kaufen viel zu früh eine eigengenutzte Immobilie, verschulden sich dabei enorm und können anschließend keine Entscheidungen mehr treffen, die sie glücklich machen. Stattdessen müssen sie sämtliche Energie darauf verwenden, finanziell irgendwie über die Runden zu kommen. Sehr oft läuft es bei jungen Familien folgendermaßen: Nach dem Kauf des Eigenheims gibt sie ihren Job auf, um sich um die Kinder zu kümmern, während er das Geld nach Hause bringt. Macht ihm sein Job keine Freude mehr, kann er nicht kurz entschlossen sagen: »Ich gehe woanders hin.« Schließlich muss er für seine Familie und deren Verbindlichkeiten geradestehen.

In diese Falle bin ich nie getappt. Ich wohne in Dubai zwar immer noch zur Miete, habe hier aber einige Immobilien erworben, die wir als Anlageobjekte nutzen. Sie sind allesamt vermietet, und wir generieren mit ihnen jeden Monat Mieteinnahmen.

Auch das gehört zu meinem Mindset bei Geld: Man muss nicht gleich alles besitzen. Viel wichtiger ist: Lerne, dein Geld einzusetzen wie Mitarbeiter!

Dieser Satz ist Gold wert. Hast du zum Beispiel zehn Mitarbeiter, nutzt du deren Arbeitskraft natürlich so effizient wie irgendmöglich, um ihre Produktivität maximal auszuschöpfen. Kurzum, du setzt diese zehn Mitarbeiter so ein, dass sie dir als Unternehmer das höchstmögliche Einkommen erwirtschaften.

Beim Geld verhält es sich genauso: Lasse ich es gerade in der heutigen Zeit daheim im Safe oder auf dem Sparbuch in der Bank liegen, wäre das so, als setzte ich besagte zehn Mitarbeiter in den Pausenraum und wiese sie an: »Bleibt hier schön brav sitzen, und bewegt euch nicht von der Stelle!« Derart verfährt niemand, denn es wäre ja kompletter Unsinn. Mit anderen Worten: Dein Geld so zu behandeln wie Mitarbeiter, bedeutet, du musst es arbeiten lassen. Eben das läuft bei mir größtenteils über Immobilien beziehungsweise über Investments in anderen Firmen. Das ist ein ganz wichtiges Mindset.

Es bringt mich direkt auf das Thema »Geld leihen«. Hier heißt das oberste Gebot: Leih dir niemals Geld für den Konsum! Wenn überhaupt, dann leihst du es dir für Investments, dazu gleich mehr. Ich erlebe so viele, die einen Kredit aufnehmen für ihren Urlaub oder ein Auto, das viel zu groß ist für sie – für diverse Konsumgüter, die allesamt keinen Sinn ergeben. Das funktioniert nicht und macht dich nur ärmer, *beschränkt* also schlussendlich deine Freiheit. Leihst du dir also Geld, dann einzig zu dem Zweck, um dein Investment zu hebeln – also letztendlich dafür, deinen Besitz zu *vermehren*.

Ein weiteres enorm wichtiges Mindset-Zitat lautet: Reichtum ist verzögerte Wunscherfüllung. Das ist ein Satz, über den man erst einmal ein bisschen nachdenken muss. Die meisten Menschen wollen am liebsten alles sofort haben, zum Beispiel eine teure Uhr. Im Grunde braucht keiner so etwas, wirklich niemand. Willst du sie dennoch – kein Problem, aber beachte dabei bitte jene Regel, die besagt: Die teure Uhr kaufst du dir aus den Erträgen deiner Kapitalanlagen. Erwirb sie nicht aus dem, was du direkt erwirtschaftet hast oder gar von deinen Ersparnissen! Sorge vielmehr stets als Erstes dafür, dass du Geld *erwirtschaftest*! Dieses Geld legst du an, und von den Erträgen aus der Anlage kaufst du dir besagte Uhr oder was auch immer!

Diese Regel, die ich mir strikt auferlegt habe, bedeutet nichts anderes als verzögerte Wunscherfüllung. Natürlich könnte ich mir besagte Uhr auch sofort kaufen, schließlich habe ich das Geld auf dem Konto. Ich aber sage mir: »Werfen meine Appartements X und Y die entsprechende Summe Z ab, kaufe ich mir *davon* die Uhr!« Diese Regel einzuhalten, ist so immens wichtig. Die meisten Menschen sind dazu jedoch viel zu ungeduldig – und schaden sich damit nur selbst.

Genau zu diesem Thema wurde vor nunmehr etlichen Jahrzehnten an der Stanford University in Kalifornien, USA, eine Langzeitstudie durchgeführt, die als der Marshmallow-Test weltbekannt wurde. Mittlerweile ist er zigfach kopiert und auf verschiedenste Weise interpretiert worden, das Original jedoch startete Ende der 1960er-Jahre in Stanford.

Die Versuchsanordnung war denkbar einfach: Eine genau definierte Anzahl Kindergartenkinder wurde, jeweils einzeln, in einem kleinen Raum auf einen Stuhl gesetzt. Direkt vor ihnen befand sich ein Tisch, und auf diesem platzierte man auf einen kleinen Teller ein Marshmallow, in Deutschland auch Mäusespeck genannt. »Wenn du den jetzt isst, ist das völlig in Ordnung«, ließ ein Erwachsener das Kind wissen. »Wartest du damit aber, bis ich in wiederkomme, bekommst du noch ein zweites Marshmallow.«

Mit diesen Worten verließ der Erwachsene den Raum. Die Kinder hatten keine Ahnung, wie lange es dauern würde, bis er wiederkam – und wussten auch nicht, dass sie dabei gefilmt wurden. Und was geschah? Manche aßen das Marshmallow einfach auf. Denen war es egal, dass sie anderenfalls noch eine weitere Süßigkeit bekommen würden. Das Ding sah lecker aus, also aßen sie es kurzerhand. Ein klarer Fall von sofortiger Wunscherfüllung.

Daneben jedoch gab es Kinder, die warteten, bis der Erwachsene zurückkehrte und sie das zweite Marshmallow bekamen – und verzehrten alle beide. Damit praktizierten sie nichts anderes als verzögerte Wunscherfüllung.

Im Folgenden beobachtete man diese Kinder über Jahrzehnte hinweg. Sie wuchsen heran, und man verglich sie bezüglich ihrer Entwicklung. Das Ergebnis: Diejenigen, die geduldig auf das zweite Marshmallow gewartet hatten, waren in den allermeisten Fällen erfolgreicher im Leben als jene, die sich die kleine Süßigkeit sofort einverleibt hatten. Sie führten zumeist glücklichere Beziehungen, und auch die Scheidungsrate war bei ihnen merklich geringer. Obendrein erzielten sie mehr Einkommen, machten eher Karriere und dergleichen mehr.

Dieser Marshmallow-Test erscheint mir geradezu als Paradebeispiel für die Vorzüge der verzögerten Wunscherfüllung. Gerade bei Investments zeigen sich die meisten Menschen viel zu ungeduldig. Da wird hier schnell mal Geld in irgendwelche Aktien reingepackt, dort ein Steuerspar-Modell bedient. Steigen die Kurse, rufen sie: »Wow, sofort kaufen!« Das tun sie, und die Gewinne geben sie natürlich umgehend aus. Sobald die Bewegung nach unten geht, verkaufen sie alles schnell wieder, natürlich mit Verlust. Diese Menschen, und ich weiß, so ticken die meisten, denken einfach viel zu kurzfristig.

Was ich hier zum Thema Geld ausgeführt habe, lässt sich wunderbar auf viele weitere Lebensbereiche übertragen, auch hierbei spreche ich zuallererst aus eigener Erfahrung: So haben wir im Jahr 2017 ein Start-up gegründet, eine Onlinemarketingagentur, und stellten dort etliche junge Menschen ein. Onlinemarketing war ein brandneues Ding, also gab es selbstverständlich keine Leute, die das zehn Jahre lang studiert und betrieben hatten, um es richtig gut zu können. Zu uns kamen also vor allem junge Leute, die clever waren und zumindest wussten, wie der entsprechende Algorithmus funktioniert.

Wir stellten diese jungen Leute ein – und siehe da: Über 90 Prozent von ihnen gingen im Laufe weniger Monate wieder weg. Entweder wechselten sie irgendwohin, wo es mehr Geld gab, oder sie machten sich selbstständig – mit genau dem Wissen, das sie sich in unserer Agentur angeeignet hatten. Da waren viele, die nach zwei, drei Monaten sagten: »Ich weiß jetzt, wie's geht, macht's gut! Statt bei euch mit 'nem Monatsgehalt nach Hause zu gehen, mache ich mich lieber selbstständig und ziehe das auf eigene Rechnung durch.«

Ich betrachte das jetzt mit einigen Jahren Abstand und kann sagen: Niemand von denen erwies sich am Ende als überdurchschnittlich erfolgreich – niemand! Die machen ihr Ding, können davon leben, aber keiner von ihnen ist so richtig senkrecht gestartet. Auch hierbei zeigen sich einmal mehr die Tücken des kurzfristigen Denkens: »Ich weiß jetzt, wie's geht, und werde ungeduldig. Also geh ich da jetzt raus und gebe Vollgas.«

Genau das funktioniert – beim Geld wie bei vielen anderen Dingen – in der Regel eben gerade nicht. Es sei denn, du bist

Geld-Trader und kannst die Emotion wirklich vom Geschäft lösen und beides säuberlich trennen.

Robert Klipp, einer jener Mitarbeiter, die 2017 zu uns kamen, ist heute noch dabei. Mittlerweile ist Robert Mitgesellschafter, fungiert als Geschäftsführer und dürfte ein Jahreseinkommen haben, das sich fast im siebenstelligen Bereich bewegt. Das hat er erreicht, weil er einfach dabeiblieb, sämtliche Höhen und Tiefen mitmachte – kurzum: weil er an dieser Stelle einfach stetig war, zusammen mit uns heranreifte und wuchs. Dieses langfristige Denken und Handeln zahlt sich einfach aus.

Das Gleiche erleben wir heute bei Kapitalanlagen: Hättest du zum richtigen Zeitpunkt die richtigen Häuser in der richtigen Lage oder die richtigen Aktien gekauft und sie einfach mal liegen gelassen, wärst du trotz all der Wirren insbesondere der letzten Jahre profitabel rausgekommen.

Was soll ich sagen? In diesem Marshmallow-Experiment steckt einfach so viel Wahrheit drin, nicht nur für die Geldanlage, sondern fürs ganze Leben. Hinter all dem steckt schlussendlich die tiefe wie simple Weisheit: Reichtum ist verzögerte Wunscherfüllung.

Ich selbst bin kein Aktienprofi, aber ich habe Freunde in meinem Umfeld, die davon wirklich etwas verstehen. Kaufe ich Aktien, folge ich dabei zumeist ihren Empfehlungen. So kenne ich einen sehr erfolgreichen Investor, der mir verriet, wann ich Rohstoffaktien, insbesondere Öl-Aktien kaufen soll – ein Tipp, der sich super rentierte.

Aber Achtung, auch hierbei gibt's einen wichtigen Mindset-Punkt: Ein Bekannter, um die 35 Jahre alt, hatte vor fünf, sechs Jahren ein Start-up gegründet. Seine Online-Weiterbildungsplattform im Hobby- und Sportbereich beruhte auf einer tollen Geschäftsidee und lief hervorragend. Eines Tages sprach er mich an: »Dirk, ich hab hier 30.000 Euro liegen, die will ich in Aktien stecken, was empfiehlst du mir?«

»Lass den Unsinn«, erwiderte ich ihm sofort. »Lass diese 30.000 Euro da liegen. Du hast ein Start-up, mit dem du die historische Chance hast, Marktführer zu werden und das Ding richtig groß zu machen. Steck das verdammte Geld in deine Firma!«

Der Grund für meinen Rat ist simpel. Kaufe ich als Unternehmer beispielsweise Aktien von Apple, heißt das im Grunde, dass ich deren Management mehr zutraue als mir selbst. Es ist ganz wichtig, zu verstehen: Ziehe ich als Unternehmer los und sage: »Ich steck jetzt 10.000 da, 30.000 dort und 50.000 hier rein«, heißt das zugleich, dass ich glaube, dass all diese Manager cleverer sind als ich und eine entsprechend höhere Rendite rausholen, als ich das vermag. Aus diesem Grund investiere ich nicht so viel in die Papiere anderer Firmen. Einfach weil ich mir sage: Bei meinen eigenen Unternehmen und Beteiligungen kann ich am besten einschätzen, was funktioniert und was nicht, deshalb stecke ich mein Geld *dort* rein.

Wir investierten zum Beispiel sehr viel Geld in Onlinewerbung. Und warum? Mit noch mehr und besserer Werbung erhöht sich unsere Sichtbarkeit – und die bringt uns entsprechend mehr Kunden, die etwas bei uns kaufen. Damit besitze ich am Ende einen ganz anderen Hebel. Ein Euro, den ich ausgebe, bringt einem Return von 8, 12 bis 20 Euro. Diese Werte an der Börse zu erzielen – dafür brauchst du schon eine ordentliche Portion Wettkampfglück.

Das alles sind Parameter, die ich in *meinem* Unternehmen aktiv beeinflussen kann. Aus diesem Grund besitzen Aktien bei mir keinen so hohen Stellenwert. Unternehme ich dennoch etwas in dieser Richtung, dann wirklich nur, wenn mich ein Freund mit echter Expertise wissen lässt: »Steck da was rein, da wird demnächst einiges passieren!«

Der zweite wichtige Punkt sind Immobilien. Hier läuft es im Grunde so ähnlich, nur kann ich Immobilien mit Fremdkapital hebeln. Hier benötige ich nur ein gewisses Maß an Eigenkapital, dazu hole ich mir Geld von der Bank, um das Investment damit zu hebeln. Das funktioniert bei Aktien so nicht, weil dir die Banken dafür in der Regel kein Fremdkapital geben – und wenn doch, dann musst du dafür enorme Werte als Sicherheit hinterlegen, was in den meisten Fällen sinnlos ist.

Bei Immobilien ist das etwas anderes, weil die Immobilie an sich für die Bank einen Wert darstellt und sie selbige auch sehr leicht verwerten kann. Egal, was passiert, die Immobilie bleibt immer als Wert bestehen. Fallen dagegen Aktien ins Bodenlose, hat die Bank keine Sicherheit mehr. Somit kann ich bei Immobilien ohne Weiteres auf diese Weise vorgehen.

Meine Immobilien befinden sich allesamt in Dubai, jeweils in angesagten Stadtteilen. Ich habe verschiedene Zwei- und Dreizimmerwohnungen in guten Lagen gekauft – gedacht für Menschen, die gutes Geld verdienen und hier leben wollen. Es gibt verschiedene Investmentphilosophien, aber so ist die meine.

Dubai hat in den letzten Jahren gezeigt, dass es konsequent wachsen will, das hat meinen Investitionen Stabilität verliehen. Wenn du hier vor zwei, drei Jahren etwas gekauft hast, ist es heute ein Vielfaches wert. Im Moment hat die Stadt etwa 3,5 Millionen Einwohner, aber der Scheich hätte gerne 7 Millionen, will also in den nächsten Jahren verdoppeln. Du *siehst* geradezu, wie die Stadt immer voller wird. Und je voller sie ist, desto mehr Wohnraum wird benötigt.

In Dubai erlebst du also eine enorme Wertsteigerung, weil immer mehr Menschen in die Stadt wollen – und gleichzeitig gehen die Mieten immer weiter rauf. Obendrein zahlen die Mieter hier in der Regel ein ganzes Jahr im Voraus. Das bedeutet: Als Investor bekommst du dein Geld sofort – und kannst es an anderer Stelle clever wieder einsetzen.

In Deutschland würdest du eine derartige Wertsteigerung *niemals* hinkriegen – die Miete ein Jahr im Voraus, und du kannst hier wirklich hohe Mieten verlangen. Einfach weil denen, die wirklich etwas können, hier auch sehr hohe Löhne gezahlt werden. Und einzig diese Leute können sich die hiesigen Mieten in Top-Lage auch wirklich dauerhaft leisten.

Seit Februar 2022 befürchten viele Russen, dass ihnen daheim eine Generalmobilmachung bevorsteht und sie in den Krieg eingezogen werden. Aus diesem Grund haben etliche ihre Heimat verlassen und sind, sofern sie über das nötige Geld verfügten, nach Dubai gekommen. Hier herrscht Multikulti pur, und alle kommen bestens miteinander klar. Da sitzen beim Abendessen Ukrainer neben Russen im gleichen Restaurant, und nie hörst du ein böses Wort. Hier leben die Ukrainer, die Geld haben, genau wie die Russen, womit wir im Grunde wieder beim Thema sind: Geld ist geprägte Freiheit, auch und gerade während eines Kriegs.

Allerdings halten sich die einzelnen Nationalitäten vorwiegend in bestimmten Stadtteilen auf. Die Russen leben in drei Stadtteilen, die anderen Europäer in zwei weiteren, die Asiaten wieder in einem anderen und so fort. Auch gibt es Stadtteile, in denen ausschließlich Einheimische wohnen.

Dadurch, dass jetzt so viele Russen hergekommen sind, haben die Immobilienpreise noch mal ordentlich angezogen. Ist der Krieg vorbei, werden viele von ihnen in ihre Heimat zurückkehren, und du kannst in Dubai wieder Immobilien kaufen. Im Moment ist das wenig sinnvoll, aber nach dem Krieg werden die Russen ihre Immobilien mit einem Abschlag wieder verkaufen, da bin ich mir ganz sicher.

In Deutschland habe ich übrigens niemals Häuser oder Wohnungen gekauft. Man sagt schließlich nicht umsonst: Immobilien machen immobil. Das ist ein weiterer Grund dafür, dass ich nach wie vor zur Miete wohne: Freiheit! Ich liebe und brauche sie einfach zu sehr. Und wie ich sie schlussendlich auch mithilfe meines Geldes lebe, versuchte ich, dir auf diesen Seiten nahezubringen.

Wie wird man reich?

Befindet sich ein gewisses Maß an Finanzwerten in einer Hand, spricht man gemeinhin von Reichtum. Bei welcher Summe aber beginnt er? Die Bundesregierung verlautbart, ab einem Jahreseinkommen von 35.000 Euro zähle man als reich, ab 55.000 Euro gar als sehr reich. Das sehe ich definitiv anders! Für mich ist jeder reich, der ein versteuertes Vermögen von über 1 Million Euro oder US-Dollar besitzt. Hat also jemand 1 Million in Form von Aktien, Immobilien oder Cash irgendwo liegen, ist er für mich durchaus schon reich.

Hier nun stellt sich die Frage: Kann das jeder werden? Für mich verhält es sich hier im Grund genommen genau wie beim Marshmallow-Experiment: Jedes Kind hatte die Chance, besagtes Schaumzuckerstückchen nicht zu essen, um es wenig später in doppelter Ausführung zu bekommen. Ich glaube, dass in Deutschland nahezu jeder potenziell die Möglichkeit besitzt, reich zu werden – allerdings nur, sofern er ein paar Prinzipien verstanden hat. Dazu gehört unter anderem das gerade eben erläuterte Prinzip der verzögerten Wunscherfüllung, das im Grunde nichts anderes besagt als: Verliere kein Geld! Bekannt ist dieses Prinzip auch als die Buffett-Regel Nummer 1, benannt nach dem US-amerikanischen Unternehmer und Investor Warren Buffett, der sie erstmalig so formuliert haben soll. Ihr auf dem Fuße folgt Regel Nummer 2: Vergiss niemals Regel Nummer 1, sprich: Du darfst kein Geld verlieren!

Die meisten Menschen denken: Wenn ich in Aktien investiere und dabei Verluste einfahre, habe ich Geld verloren. Das ist damit jedoch nicht gemeint, sondern vielmehr: Verliere kein Geld, indem du dir schnell mal einen Ferrari oder alle drei Monate eine neue Gucci-Tasche kaufst! Halte stattdessen dein Geld zusammen!

Der nächste Punkt lautet: *Investiere* dieses Geld! Lass es arbeiten wie einen Mitarbeiter, wie bereits erklärt. An dieser Stelle nun sagen viele: »Ich habe Geld, das will ich behalten und mehr daraus machen.«

Nun, ich bin nicht der Experte fürs Geldbehalten und -vermehren. Wohl aber zähle ich mich zu den Experten, wenn es darum geht, mehr Geld zu *machen*. Auf diesem Feld gibt es nicht viele, die mir voraus sind. Hierbei gilt zuallererst eine Regel, die *muss* wirklich jeder erst einmal verstanden haben. Sie lautet, und ich wiederhole mich an dieser Stelle der besseren Verständlichkeit halber gern: Du wirst niemals reich, wenn du stetig deine Zeit gegen Geld tauschst.

Arbeitest du zum Beispiel bei McDonald's, verdienst du dort vielleicht 13 Euro die Stunde. Jeder Mensch weiß: Damit wirst du nicht reich. Wie viele Stunden willst du denn pro Tag arbeiten? Angenommen, du ziehst sechs Tage die Woche jeweils eine 12-Stunden-Schicht durch. Das ist kräftemäßig durchaus anspruchsvoll. Wie viel bleibt davon am Ende des Monats übrig?

Selbst ein Anwalt, der 200 Euro die Stunde verlangt, was durchaus schon mal eine andere Hausnummer ist, kommt auf diese Weise nicht zu dem, was ich wahren Reichtum nenne. Du erinnerst dich, genau in diese Falle bin ich dereinst als Trainer getappt, der enorm hohe Honorare fakturierte.

Jeder »normale« Mensch sagt an dieser Stelle: »75.000 Euro in vier Stunden, wie geil ist das denn?!« Dieser immens hohe Tagessatz wirkte auf mich als Anerkennungsdroge, weil ich mich nach unten orientierte und sagte: »75.000 verdienen andere nicht in einem, ja, nicht mal in fünf Jahren. Was bin ich für ein geiler Typ – was für ein Held!«

Die simple Wahrheit hinter dieser Sichtweise: Ich blickte einfach nur in die falsche Richtung. Genau wie viele Leute, die in der Dritten Welt Urlaub machen. Sie sehen die dort herrschende Armut und sagen: »Sieh doch mal, unter welchen Lebensumständen die hier ihr Dasein fristen. Was bin ich froh, dass ich in Deutschland lebe, da haben wir Straßen, fließendes Wasser, eine Heizung und so weiter. Wie gut geht es mir doch!«

Die entscheidende Frage aber lautet: Wohin richtet sich dein Blick? Nach unten oder nach oben? In Dubai schaust du zwangsläufig die ganze Zeit nach oben. Einfach, weil du um dich herum lauter Leute hast, die mehr Geld machen als du.

Um da hinzukommen, brauchte ich wie gesagt eine ganze Weile. Über mehrere Jahrzehnte hinweg war ich verdammt stolz auf meinen stetig wachsenden Tagessatz als Speaker und Trainer. Der limitierende Faktor ist jedoch: Du kannst so etwas nur *einmal* am Tag fakturieren und natürlich auch nicht *jeden* Tag. Bist du fit, lieferst du das Ganze in der entsprechenden Qualität vielleicht 120 bis 150 Tage im Jahr ab. Okay, das wäre schon cool, dabei kämen immerhin mehrere Millionen zusammen. Diese 75.000 Euro über 100 Tage im Jahr, das wäre Wahnsinn!

Das ist jedoch keine realistische Rechnung, denn schließlich musst du für all das ein entsprechendes Marketing betreiben, benötigst das entsprechende Branding, zur Umsetzung einen erstklassigen Stab von Mitarbeitern und noch einiges mehr.

Schließlich konzentrierten wir uns darauf, mit den offenen Seminaren ein skalierbares Geschäftsmodell aufzubauen und zu betreiben. Und wenn du jetzt rechnest: Ein Seminarticket kostet 5.000 Euro, und du hast da vielleicht 500 Kunden im Saal, dann bewegst du dich schon mal in einer ganz anderen Größenordnung. Für die Zeit, die du hierbei verbringst, bekommst du zum Ersten viel, viel mehr Geld, und zum Zweiten ist das Ganze nach oben unlimitiert steigerbar.

Denn wenn du das Ganze mit 500 Teilnehmern umsetzen kannst, schaffst du das auch mit 1.000 oder 5.000. Genau hier kommt das entscheidende Learning ins Spiel: Du wirst nur richtig reich, wenn du deine Zeit vom Geld entkoppelst, wenn du dich also für deine Leistung *und* für deine Resultate bezahlen lässt.

Bei mir im Unternehmen gibt es vier Mitarbeiter, von denen ich weiß, dass sie ein zu versteuerndes Jahreseinkommen von über 1 Million Euro haben. Alle vier werden nicht für ihre wie auch immer zu definierende Arbeitszeit bezahlt, sondern vor allen Dingen für die von ihnen gelieferten Ergebnisse.

Bestes Beispiel hierfür ist sicher Dominic. Unser bester Sales-Mitarbeiter hat letztes Jahr fast 14 Millionen Euro Umsatz am Telefon gemacht. Weiß man, dass er im Schnitt 12 Prozent Provision bekommt, kann man ziemlich leicht ausrechnen, dass sein zu versteuerndes Jahreseinkommen locker über 1 Million Euro liegt. Das hängt nicht von der Zeit ab, die er am Telefon verbringt, sondern nahezu einzig davon, welche Ergebnisse er liefert.

Das ist nur ein Beispiel für diesen Mechanismus. Am Ende musst du *deinen* Weg finden, deine Zeit vom Geld zu entkoppeln. Im Vertrieb funktioniert das gut, aber eben auch nicht überall. Du brauchst dazu einen Arbeitgeber, der dich unlimitiert Geld verdienen *lässt*. Arbeitest du zum Beispiel bei Würth, der weltweit größten Vertriebsorganisation mit festangestellten Mitarbeitern, bekommst du im Außendienst ebenfalls eine hohe Variable. Diese ist allerdings irgendwo gedeckelt, meines Wissens bei knapp über 100.000 Euro. Das heißt: Du kannst noch so gut sein – und wirst doch nie 1 Million mit nach Hause nehmen. Das funktioniert innerhalb dieser Organisationsstruktur einfach nicht.

Du brauchst also den entsprechenden Job samt einem Arbeitgeber, der dich nicht limitiert in deinem Einkommen. Dieses Limit zu sprengen, funktioniert zum Beispiel auch über Beteiligungen. Du kannst dazu auch selbst zu deinem Arbeitgeber gehen und ihm vorschlagen: »Ich investiere eine bestimmte Summe in die Firma, dafür möchte ich Anteile erwerben.«

Oder du sagst: »Ich will gar nicht mehr Geld haben, sondern Aktien-Optionen!« Viele sind bei Google, Facebook oder Apple richtig reich geworden, weil sie als Angestellte Aktien-Optionen in Anspruch nahmen.

So mancher mag an dieser Stelle fragen: »Muss ich, um reich zu sein, selbstständig oder Unternehmer sein?« Die klare Antwort lautet: Nein! Du musst lernen, Zeit und Geld zu entkoppeln, und das geht auch als Angestellter. Komm jetzt also nicht auf die

Idee, wie es die Instagram-Welt vorschlägt, dass du nur als Entrepreneur reich werden kannst, denn das stimmt nicht. Nicht jeder Mensch ist für Selbstständigkeit oder Unternehmertum gemacht. Und unglücklich zu sein, weil du Dinge nur tust, um reich zu werden, dafür ist das Leben zu kurz!

Damit zurück in meine Unternehmen. Ein anderer der vier Einkommensmillionäre ist zum Beispiel Dominics direkte Führungskraft, der Vertriebsleiter. Selmirs Fixum liegt deutlich höher als jenes der Verkäufer, etwa viermal so hoch. Dazu kommt jedoch auch bei ihm eine Variable – und durch *sie* verdient er am Ende so viel Geld.

Der Vertriebsleiter partizipiert an den gesamten Umsätzen, die sein Sales-Team einfährt. Wie kann er also sein Einkommen hebeln? Ganz einfach, indem er die Spreu vom Weizen trennt und mehr wirklich gute Leute einstellt. Seine Aufgabe besteht im Grunde darin, die Top-Verkäufer zu identifizieren und in sein Team zu holen, um sie anschließend noch besser zu machen und zu pushen. *Das* ist sein Job – hat er's drauf, verdient er richtig gutes Geld. Das ist ein anderer Hebel als jener des Verkäufers.

Die beiden anderen Einkommensmillionäre sind in der Geschäftsführung und haben neben ihrem Fixum ebenfalls eine Ergebnisvariable. Ihr größter Hebel besteht darin, dass sie Beteiligungen haben, nicht nur in der Kernfirma, in der sie tätig sind. Über all die Jahre, die sie mit mir zusammen sind, haben sie zudem Anteile an den Firmen erworben, die neu dazukamen. Kurzum, auch sie fokussieren sich nicht darauf, wie groß ihr Fixum ist.

Die Einkommensbremse besteht wirklich zuallererst darin, dass der Durchschnittsmensch so sicherheitsorientiert ist. Wenn du ihm sagst: »Du kannst das eine Marshmallow sofort essen, es ist deins – oder aber du wartest, dann kriegst du zwei«, denkt er: »Wenn ich jetzt warte, ist die eine Süßigkeit, die ich jetzt sicher hätte, vielleicht auch weg. Außerdem weiß ich ja gar nicht, wann und ob das andere Marshmallow überhaupt dazukommt!

Und falls ja, ist es dann genauso groß und lecker wie das erste? Das eine habe ich sicher, das esse ich jetzt.«

Ich behaupte: Die aller-, allermeisten Menschen in Deutschland würden genauso verfahren und dieses eine Marshmallow essen. Anders ausgedrückt: Ihnen ist wichtig, dass sie ein hohes Fixum haben. Hast du jedoch nur ein Fixum ohne Variable oder nur eine ganz kleine Variable, tauschst du wieder Zeit gegen Geld – steckst also in der berühmten Falle.

Jedes Jahr erscheint ein *Forbes*-Sonderheft, in dem alle Dollar-Milliardäre dieses Planeten aufgeführt sind. Darin steht, wie viel sie haben, wo sie leben, in welcher Branche sie tätig sind, sprich, womit sie dieses Geld *gemacht* haben. Besagtes Heft kaufe ich mir regelmäßig und kontrolliere genau, in welchen Branchen sie das gemacht haben. Erben wie die Albrecht-Familie oder die Quandts interessieren mich dabei nicht so sehr. Die haben ihren Stand schließlich nicht aus eigener Kraft erreicht, sondern aufgrund ihrer Vorfahren.

Mich interessieren die Leute, die das *selfmade* hinbekamen. Und wenn du die in Augenschein nimmst, siehst du glasklar: Keiner von ihnen ist nach dem Prinzip Zeit gegen Geld unterwegs. Sie alle haben eine andere Möglichkeit gefunden. Die meisten schaffen es übrigens mit Immobilien – eben auch, weil du diese wie beschrieben mit Fremdkapital extrem hebeln kannst.

Das alles sind Methoden, um rauszukommen aus der »Zeit gegen Geld«-Falle, diesem größten Limit deines Reichtums. Das hört sich zwar logisch an, aber ich zum Beispiel habe extrem lange gebraucht, um das zu verstehen. Denn ich steckte in dieser Anerkennungsfalle und sagte immer wieder: »Sieh mal, was ich für einen Tagessatz habe, das verdienen andere nicht im Monat, im Jahr ...« Ich hatte meinen Blick in die falsche Richtung, nämlich nach unten gerichtet.

Viele junge Menschen sagen nun: »Okay, ich hab's verstanden, aber in welcher Branche kann ich denn nun das meiste Geld verdienen?«

Das wiederum ist die falsche Frage! Genauer gesagt, es ist eine jener Fragen, die viele auf die falsche Weise beantworten. Die meisten orientieren sich hierbei an sexy Branchen mit sexy Produkten. Sie wollen bei Mercedes, Gucci, Rolex oder Ferrari arbeiten, was durchaus verständlich ist, aber zumeist nicht der Weg, um richtig Geld zu verdienen. Du kannst garantiert auch als Ferrari-Verkäufer erfolgreich sein, aber jemand, der zum Beispiel Sekundärrohstoffe wie Altpapier oder Altglas vertreibt, wird definitiv mehr Geld machen. Aber bleiben wir ruhig bei den Autos: Derjenige, der Kleinwagen an mobile Pflegedienste verkauft – wenn's gut geht, gleich mal eine ganze Flotte mit 200, 300 Fahrzeugen –, wird unterm Strich weit mehr Geld verdienen als der Ferrari-Verkäufer. Der wichtige Blickwinkel ist: Schau nicht immer nach dem, was schön und sexy *aussieht*. Geht es dir darum, richtig Geld zu verdienen, rate ich dir: Sieh dich lieber mal in Branchen um, die nicht so sexy erscheinen.

Die meisten sexy Branchen sind so geworden, weil das entsprechende Branding und Marketing so gut sind. Nehmen wir das Beispiel Apple: mega Branding, mega Marketing, erstklassige Produkte. Die ganzen angesagten Mode-Labels sind aus ebendiesen Gründen so geworden. Daraufhin schließen viele Leute von sich auf andere, nach dem Motto: »Ich würde die Tasche ja auch kaufen, also verkaufe ich die jetzt!«

Dies wiederum macht es einem hier tätigen Arbeitgeber viel einfacher, günstig Leute zu finden. Warum sollte er einem Mitarbeiter viel Geld in Aussicht stellen, wenn das Ganze im Grunde bereits durchs Marketing vorverkauft ist? Hast du aber Produkte, die emotional überhaupt nicht triggern, wie zum Beispiel Fleckenlöser, Kunststoff-Granulate, Rohöl oder Stromverträge, wird das eine komplett andere Geschichte. Hier nämlich erweist es sich für Arbeitgeber als weitaus schwieriger, gute Leute zu finden, die bereit sind, in dieser Branche zu arbeiten. Dazu muss er »die Braut eben hübsch machen«, sprich, den Leuten mehr Gehalt zahlen.

Ich habe überaus erfolgreiche Geschäftsleute kennengelernt, die Rohstoffe verkaufen, mit Schrott, Altpapier oder Müllentsorgung unglaublich viel Geld machen. Es gibt ein megacooles Buch, das heißt *King of Oil*. Der Schweizer Investigativjournalist Daniel Ammann schrieb es über Marc Rich, der als Rohstoffhändler Milliarden umgesetzt hat. Bei alledem hat dieser Mann das ganze Zeug nie mit eigenen Augen zu sehen bekommen. In der Schweiz saß er in seinem Büro, von dem aus er den gesamten Handel am Computer abwickelte.

Willst du also viel Geld verdienen, geh in eine solche Branche, such dir darin eine Firma, die dich nach oben hin unlimitiert Geld verdienen lässt – und dann heißt es »nur« noch: Werde dort richtig gut! Das wiederum bringt uns direkt zur nächsten Frage.

Was zeichnet einen guten Verkäufer aus?

Um diese Frage zu beantworten, bleiben wir zunächst bei Top-Seller Dominic. Wie kommt er zu seiner Leistung? Der allergrößte Unterschied zwischen ihm und vielen, vielen anderen Verkäufern ist: Er *will* es mehr als sie. Das trifft, glaube ich ganz fest, generell auf alle Top-Seller zu. Nicht nur ihr Wille ist stärker als der ihrer Kollegen, sie sind auch bereit, den für ihre Leistung nötigen Preis zu zahlen.

Dominic ist erst zwei Jahre dabei. Er arbeitete zwar schon vorher im Vertrieb, doch in einem völlig anderen Umfeld als dem unseren. Er kümmerte sich um Bestandskunden und verdiente um die 3.500 Euro brutto, ohne Variable. Als er bei uns unterschrieb, hatte er noch ein paar Wochen Resturlaub. Und was tat er? In dieser »freien« Zeit arbeitete Dominic unsere Onlinekurse durch. Wir schalteten ihm alle Kurse frei, die relevant für ihn waren, und er ackerte sich konsequent durch den Content, verschriftlichte sämtliche Kurse und bereitete sich so auf das vor, was ihn bei uns erwartete.

An seinem ersten Arbeitstag konnte er bereits auf einem Niveau mittelefonieren, für das andere mehrere Wochen brauchen. So viel zum ersten Punkt: Ein Top-Verkäufer *will* es mehr als alle anderen. Zum Zweiten ist er bereit, an sich zu arbeiten, um stetig besser zu werden. Nie sieht er den Status quo als gegeben an, weil er weiß: Es geht *noch* besser.

Dominic hat sich von Beginn an extrem leistungsbereit gezeigt. Früh erschien er als einer der Ersten, er bleibt lange im Büro und auch am Wochenende zu arbeiten, gehört für ihn zu den selbstverständlichsten Dingen. Ich traf ihn, als er hier in Dubai Urlaub machte. Beim gemeinsamen Abendessen ließ er mich wissen: »Ich rufe trotzdem jeden Tag Kunden an.«

Er war hier, um sich zusammen mit seiner Verlobten zu erholen, und trotzdem sprach er täglich mit seinen Kunden, verschickte WhatsApp-Nachrichten oder E-Mails, das volle Programm! Wenn du in dieser Liga unterwegs bist, dann zählst du halt keine Stunden. Ein Motto bei uns in der Organisation heißt: »Wir zählen keine Stunden, wir zählen Geld.«

Um möglichst viel davon zu kriegen, heißt es unter anderem: Bilde dich stets weiter! Werde immer besser ohne den trügerischen Anspruch: »Ich bin schon so gut, ich kann das jetzt alles.« Erfolgreich zu sein und zu bleiben, erfordert, extrem leistungsbereit zu sein, viel zu arbeiten, ausdauernd dranzubleiben. Dominic sagt selbst: »90 Prozent meiner Aufträge generiere ich durchs Nachfassen.« Das bedeutet, nur 10 Prozent aller generierten Aufträge sind initial.

Die meisten haben hierbei das Schema vor Augen: »Anhauen, umhauen, abhauen!« Sie denken: »Den rufe ich jetzt an, und er kauft mir für ein paar Tausend Euro irgendwas ab.« Das ist kompletter Unsinn! Du musst erst mal Vertrauen, eine Beziehung zu deinem Kunden aufbauen, und das macht Dominic richtig gut. Er bleibt stets im Fokus, lässt sich nicht ablenken. So mancher Verkäufer sieht sich zwischendrin irgendwelche Videos an, die nichts mit der Arbeit zu tun haben. Dominic aber bleibt stets fokussiert und macht sein Ding.

Auch sein Umfeld hat er voll auf die Arbeit abgestimmt. Seine Verlobte ist genauso ehrgeizig wie er, und sie lässt ihm den nötigen Raum. Das heißt, Dominic hat zu Hause keine kraftfressenden Kämpfe zu bestehen, sondern kann sich wirklich auf seine Sachen konzentrieren.

Und er hat große Ziele! Letztens fragte ich ihn: »Okay, dieses Jahr hast du die vierzehn Millionen geknackt, was ist dein Plan fürs nächste Jahr?«

Seine Antwort kam wie aus der Pistole geschossen: »Nächstes Jahr will ich verdoppeln!«

Wow, dachte ich, doch der Junge war noch nicht am Ende: »Im Jahr drauf – gleich noch mal verdoppeln!«

Der Durchschnittsmensch würde dazu sagen: »Sag mal, bist du irgendwie ... verrückt? Wie soll das gehen?« Meine Frage bei unserem Abendessen lautete an dieser Stelle jedoch: »Alles klar, welche Unterstützung brauchst du? Was kann ich dir abnehmen, damit du dich darauf konzentrieren kannst, die 28 zu knacken?«

Konkret bekam Dominic daraufhin eine persönliche Assistentin sowie einen persönlichen Setter, der verschiedene Telefonate vorqualifiziert, damit er sich noch besser auf sein Kerngeschäft fokussieren kann.

Der große Unterschied zwischen normalen und Top-Verkäufern besteht in ihrem Mindset. Diejenigen, die in unserer Organisation viel Geld verdienen, fassen nach, bleiben dran, werden immer besser. Sie geben keinen Kunden verloren, fragen nach Unterstützung, und sie interessieren sich *wirklich* für die Wünsche und Bedürfnisse ihrer Kunden. Das ist ein weiterer ganz entscheidender Punkt. Du wirst niemals in diese Liga aufsteigen, wenn du das Ganze nur machst, weil du Geld verdienen willst. Wer sich sagt: »Ich geh da jetzt hin, weil ich möglichst viel Kohle machen will«, dem kann ich reinen Herzens verraten: Das funktioniert nicht. Vergiss es!

Du musst dich mit deinem Kunden genauso identifizieren wie mit deinen Produkten und Dienstleistungen, die du verkaufst, sowie mit deinem Arbeitgeber. Auf den Punkt gebracht: Du musst *voll* dahinterstehen.

Jeder Hund merkt, ob der Postbote Angst vor ihm hat oder nicht. Spürt er diese Angst, beißt er zu. Genauso spürt ein Springpferd haargenau, ob sich sein Reiter das anstehende Hindernis zutraut oder nicht. Traut er es sich nicht zu, verweigert das Tier den Sprung. Ebenso spüren wir als Kunden, ob es ein Verkäufer ernst meint oder nicht, ob er hinter seinen Produkten, seiner Leistung, seiner Firma steht, oder ob er nur irgendeinen Job macht, um Geld zu verdienen. Du, ich, *jeder* spürt das – und dann kaufen wir nicht.

Fühlen wir, dass der Verkäufer einen Abschluss machen will und jetzt drückt, um ihn zu erreichen, scheuen wir zurück und verweigern uns seinem Angebot. Diesen Mechanismus zu erkennen und zu beherzigen, ist eine weitere Fähigkeit, die einen Top-Seller auszeichnet.

Die Lösung muss für den Kunden wirklich und wahrhaftig Vorteile bringen. Gleichzeitig muss der Verkäufer so viel Fingerspitzengefühl an den Tag legen, dass der Kunde gar nicht denkt: »Oh, der will mir was verkaufen«, sondern schlussendlich einfach kauft. Wir alle kaufen total gerne, aber wir *lassen* uns nur höchst ungern etwas verkaufen oder gar aufschwatzen. Auch das ist etwas, was die Top-Leute bei mir beherrschen. Sie sind zielstrebig, verbindlich und motivieren den Kunden, eine Entscheidung zu treffen. Aber sie drücken nicht.

Ehe ich es vergesse, ein wichtiger Nachtrag: Natürlich ist bei alledem auch Fleiß wichtig. Aber viele denken: »Du musst einfach nur fleißig sein, um ein Top-Verkäufer zu werden.« Das stimmt jedoch so nicht. Du brauchst dazu die gewisse Vertriebsintelligenz, was bedeutet: Präsentiere dem richtigen Kunden im richtigen Moment bestens vorbereitet das für ihn passende Angebot! Dominic weiß ganz genau, wann er sich bei welchem Kunden wieder melden muss und mit welcher Argumentation er dann welches Produkt platziert. Auch und gerade diese spezifische Intelligenz macht den Top-Verkäufer aus.

Attendorn im Sauerland: Zeit für den ersten Schultag!

Mountainbike-Rennen in Solingen im Jahr 1992.

Schon damals auf der Überholspur: inoffizielle Triathlon-Weltmeisterschaft über die Langstrecke in Nizza 1988. Meine absolute Lieblingsstrecke, auf der ich die besten Ergebnisse meiner Karriere erzielen konnte. 4 Kilometer schwimmen, 120 Kilometer Rad fahren und 32 Kilometer laufen.

Anfang der 2000er wollte ich es noch mal wissen: Ironman Triathlon in Zürich.

Als Handelsvertreter auf einer Sportveranstaltung circa 1991 mit zwei Messeständen – für den Marktführer im Bereich Herzfrequenzmessung »Polar« und für die finnische Laufschuhmarke »Karhu«.

Einer der ersten Vorträge überhaupt unter dem Motto »Kunden finden, Kunden binden« für eine Volksbank im Rheinland zu Beginn der 90er-Jahre. Ein Thema, mit dem sich immer noch jeder erreichen lässt, der am Wirtschaftsleben teilnimmt.

Eines der frühen interaktiven Seminare in den 90er-Jahren. Wertvolle Grundlagen für solche Trainingsmethoden und Didaktik lieferte mir die zuvor angetretene Trainerausbildung.

Als einer von mehreren hochkarätigen Speakern bei den SalesMasters 2013 in Wuppertal.

SalesMasters Forum, 2011
Vortrag in München bei einer firmeninternen Veranstaltung im Jahr 2011. Damals noch komplett im Geschäftsmodell »Zeit gegen Geld tauschen«.

Viele kennen nur die Vertriebsoffensive, doch hier sieht man ein Beispiel eines Folgeseminares. Diese sind nochmals intensiver und finden bis zu zehnmal im Jahr statt.

Rund 500 Teilnehmer bei der Vertriebsoffensive 2016 in Hamburg vor dem Digitalisierungsschub und unserem Wandel im Marketing. Danach waren die Gruppen nie wieder so klein wie auf diesem Bild.

Die einzig wahre Weltmeisteroffensive in der Dortmunder Westfalenhalle, die uns im Juni 2018 mit 7.500 Teilnehmern an zwei Tagen den Eintrag ins Guinnessbuch der Rekorde bescherte. Das größte Verkaufstraining auf diesem Planeten!

Auf der großen Bühne der Vertriebsoffensive. Als bekanntestes Seminarformat existiert sie bereits seit 2012 und feiert somit dieses Jahr 11. Geburtstag. In der Spitze melden sich über 40.000 Menschen jedes Jahr für dieses Event an.

Die erste Vertriebsoffensive im digitalen Studio war die teuerste ihrer Art. Ganze sieben Kameraleute und ein riesiger technischer Aufwand trugen dazu bei. Doch schlussendlich hat es sich gelohnt, in der Krise Vollgas zu geben – wir profitieren noch heute davon.

Das traditionelle Selfie-Video bei der Vertriebsoffensive im digitalen Studio in Hagen. Diese Art der Veranstaltung hat dazu geführt, dass wir Zielgruppen erreichen konnten, die ansonsten niemals freiwillig in unsere Live-Seminare gekommen wären. Ein riesiger Entwicklungsschritt!

Ob Unternehmer, Selbstständiger oder Angestellter, jeder muss am Ende seine Profession und seine Art zu arbeiten finden, die am besten zu ihm passt. Ich zum Beispiel bin nicht etwa Unternehmer geworden, weil ich meinte, da noch mehr Geld zu verdienen. Ich wurde es, weil mich diese Entwicklungsreise total reizt. Was für eine Persönlichkeit musst du sein, um Unternehmer zu sein? Was ist das für ein Mensch, dem über 100 Leute folgen und aus tiefstem Herzen sagen: »Du hast es drauf, ich will mit dir und für dich arbeiten!«

Eine schöne Geschichte dazu ist die von Joe Girard. Der steht im *Guinness-Buch der Rekorde* als der erfolgreichste Autoverkäufer auf diesem Planeten. Er war ein Amerikaner aus Detroit. Dieser Joe Girard begann in jungen Jahren als Selbstständiger, irgendwas mit Immobilien und Bauträgern – und fiel damit komplett auf die Nase. Dann entschied er: Ich will mich nicht mehr um Personal kümmern, um Steuern, Finanzen, Marketing und dergleichen mehr. Ich will ab jetzt nur noch das machen, was ich *wirklich* gut kann – mit Menschen reden, also verkaufen.

Joe heuerte bei einem Autohaus an und verkaufte fortan Chevrolets, die Billigmarke von General Motors. Im Schnitt brachte er pro Tag neun Autos an den Mann – neun Neuwagen täglich! Er bekam eine hohe Provision, hatte zwei Assistentinnen, die alles für ihn vorbereiteten. Frühmorgens kam er in die Firma, gab Vollgas und ging abends wieder heim. Das machte er bis zu seiner Pensionierung – und wurde damit sehr reich. Anschließend war er noch als Motivations- und Vortragsredner unterwegs, bis er vor ein paar Jahren verstarb.

Es gibt eben Leute, die sagen: »Ich habe auf dieses ganze Paket, das das Unternehmer-Dasein mit sich bringt, gar keine Lust.« Zumeist sind sie dafür auch völlig ungeeignet. Ihr Ding ist es, eine bestimmte Sache zu machen – und die ziehen sie dann durch. Ich behaupte zum Beispiel, dass sich Dominic nicht selbstständig machen wird. Was soll das für eine Selbstständigkeit sein, in der du dich derart auf eine bestimmte Sache fokussieren kannst? Als

Verkäufer trägst du dagegen null Risiko, und bist du wirklich gut, wird dir alles, auf das du keine Lust hast, einfach abgenommen.

Kurzum, es wäre Unsinn, zu sagen: »Ich werde jetzt Unternehmer, weil ich da noch schneller reich werde.« Zugegeben, laut Statistik ist es meines Wissens so, dass weltweit über 95 Prozent aller Milliardäre Unternehmer sind. Die Wahrscheinlichkeit, dass du als solcher sehr reich wirst, ist viel, viel höher, als wenn du Angestellter bist. Dennoch ist es das falsche Motiv, es nur um des Geldes willen zu machen. Das wird nicht funktionieren. Du musst Lust haben an den Aufgaben eines Unternehmers, das Ganze muss zu deinen Zielen passen.

Ich habe mich 1990 selbstständig gemacht, und nach anderthalb Jahren gründete ich zusammen mit zwei Freunden einen Sportartikel-Großhandel. Wir arbeiteten alle drei als Handelsvertreter, vermittelten für Produzenten, Importeure und Großhändler Aufträge an den Handel. Sehr schnell kamen wir zu der Überzeugung: »Das können wir auf eigene Rechnung genauso gut, vielleicht sogar besser. Außerdem bekommen wir so am Ende nicht nur die 10 Prozent Provision, sondern für uns bleiben sogar 50 Prozent übrig.«

Das allerdings erwies sich als großer Denkfehler. Ich war ungefähr 25 Jahre jung – und das Ganze endete mit einer Bauchlandung. Die eingezahlte Stammeinlage hatten wir am Ende einfach nur verbraucht. Wir hatten gemanagt, aber nichts verkauft und fühlten uns so wie diejenigen, die heute ein Start-up gründen – alles super, nur vergaßen wir bei alledem das Arbeiten.

Anschließend folgte ich lange Zeit komischen Glaubenssätzen wie »Small is beautiful«, sprich: Hab keine Mitarbeiter! Die kosten dich nur Zeit und Geld, dazu machen sie zu viel falsch. Wenn du es allein machst, geht es besser und schneller. Diese Maxime steckte gut 12 Jahre lang tief in mir drin. Erst dann fing ich an, das Ganze ernsthafter zu betrachten und nach passenden Mitarbeitern zu suchen. Anschließend dauerte es noch mal fast 15 Jahre, bis ich aus der Selbstständigkeit mit ein paar Angestellten wirklich zum Unternehmer heranwuchs. Das geschah mitten im skalierbaren Geschäftsmodell der offenen Seminare und mit dem Wissen: Je mehr ich von den richtigen Mitarbeitern habe, desto mehr Geld verdiene ich. Das wirklich zu verstehen, dauerte schlussendlich 25 Jahre.

All diese entscheidenden Grundsätze hatte ich zuvor ganz oft gehört – und gedacht, ich hätte sie verstanden. Das ging mir bei vielen Sachen so: Du siehst dir Interviews von Elon Musk, Steve Jobs oder Jeff Bezos an, hörst ihre Worte, nickst und denkst, du versteht sie. Dem ist jedoch längst nicht immer so. Mitunter hast du ihre Worte zwar vernommen, aber damit noch nicht begriffen, was hier wirklich gemeint ist. »Ja, ja, alles klar, ich hab's verstanden. Ja, ist logisch, ja sicher.«

Der entscheidende Punkt ist jedoch: Du *handelst* nicht danach, setzt die gehörten Worte nicht in die Tat um, weil du sie noch nicht wirklich verinnerlicht hast. Dieser Prozess dauerte bei mir sehr lange – und doch war ich stetig willens und dabei, besser zu werden. Mehr und Näheres dazu im folgenden Kapitel.

Kapitel 6
Die Kraft der Veränderung

Mein unstillbarer Hunger nach neuen Ideen

Ein aus meiner Sicht elementares Zitat besagt: »Wenn du der Klügste im Raum bist, dann bist du im falschen Raum.« Dieser Satz, verschiedenen Urhebern zugeschrieben, besitzt eine unglaubliche Tiefe. Um ihn wirklich zu verstehen, brauchte ich eine ganze Weile.

Im Jahr 1994 wurde ich Mitglied im Bundesverband Deutscher Verkaufsförderer und Trainer und absolvierte dort auch meine Trainerausbildung. Zehn Jahre blieb ich im Verband aktiv. Am Anfang lernte ich dort unheimlich viel. Mit der Zeit wurde das immer weniger, und am Ende lernten die anderen von mir. Das mag überheblich klingen, und viele mögen sagen: »Du kannst doch von jedem Menschen etwas lernen.«

Das kann durchaus sein, schließlich kannst du von anderen ja auch lernen, wie man es *nicht* macht. Dieses »Lernen« dort wurde mir jedoch irgendwann zu mühsam. Ist ein Vortrag gut, schreibe ich mindestens zwei oder drei Seiten mit. Nehme ich dagegen nur ganze zwei Zitate daraus mit, war das Ganze *a waste of time*, pure Zeitverschwendung. Dann war ich schlicht und ergreifend im falschen Vortrag. In etwa so erging es mir schließlich mit diesem Berufsverband.

Ähnlich konsequent verfahre ich übrigens mit Büchern. Ich gebe einem Buch zwei Chancen: Zunächst gehe ich selektiv ins

Inhaltsverzeichnis, suche mir die beiden heißesten Kapitel heraus und lese das erste an. War es gut, lese ich das ganze Buch. War es schlecht, nehme ich noch ein zweites Kapitel, lese dort rein – und haut es mich auch nicht aus den Socken, schmeiße ich das Buch weg. Das ist durchaus wörtlich zu verstehen. Ich stelle es nicht ins Regal, sondern stehe auf und werfe es in den Mülleimer.

Ich war in fast allen Trainerorganisationen Mitglied, und als ich vom BDVT zum Club 55 kam, wusste ich: »Wow! Hier sind Leute, von denen kannst du was lernen, das ist *next level* und gibt mir wieder einen Schub.« Fünf Jahre später erging es mir wie zuvor im Verband: Ich kam auch hier nicht mehr von der Stelle. Im Club 55 gab es zwar Leute, die wirtschaftlich erfolgreicher waren als ich, aber in einem anderen Bereich oder aus anderen Gründen – jedenfalls konnte ich von ihnen nichts mehr lernen. Also verließ ich auch diesen Raum wieder, um mir einen neuen zu suchen.

Als Nächstes zog es mich in die USA. Dort gibt es die NSA, die National Speakers Association. Das passte hervorragend, hatte ich mich doch inzwischen vom Trainer zum Verkaufstrainer entwickelt – und nun zu einem Verkaufstrainer, der auch Speaker ist. Irgendwann sagte ich mir: »Ich bin jetzt Speaker. Ich will verdammt noch mal auf die Bühne und Vorträge halten!«

Eine Organisation wie die NSA existierte damals in Europa noch nicht, so etwas gab es nur in den Staaten. Einige Sommer besuchte ich deren Conventions in Florida, Kalifornien und anderswo. Überhaupt fing ich an, mich in den USA umzusehen, und besuchte dort verschiedene Veranstaltungen. An der dortigen Trainer- und Speaker-Szene beeindruckte mich, dass sie viel größer dachten als wir in Europa. Deren Märkte waren auch viel größer. Veröffentlichte dort jemand ein Buch, war die Startauflage hundertmal größer als in Deutschland. Die dortige Professional-Speaker-Szene war uns damals um einiges voraus und zudem viel ausgeprägter. In Deutschland gab es in jenen Zeiten vielleicht zwei Dutzend Profi-Speaker im Businessbereich. Mitunter flog ich für ein zweitägiges Meeting nach New York. Als Nächstes tauchte ich in die Onlinemarketingszene ein.

Generell funktioniert das Ganze bei mir so: Betrete ich einen neuen Raum, lerne ich zunächst eine Menge und bin begeistert. Ich bleibe eine Weile dabei, dann spüre ich, dass meine Lernkurve wieder flacher wird, und weiß, dass es mal wieder an der Zeit ist, den Raum zu wechseln. Ich mache dann vielleicht noch ein Jahr weiter, aber ich merke, es bringt mich nicht mehr voran. Dann bin ich weg, so auch jetzt gerade wieder.

Bis letztes Jahr besuchte ich regelmäßig eine Mastermind zum Thema Onlinemarketing. Anfangs fand ich alles, was dort lief, total spannend, und jeder neue Kontakt inspirierte mich. Mittlerweile schreibe ich dort vielleicht noch zwei Seiten mit, von denen ich am Ende maximal zwei Ideen verwerten kann. Das ist einfach zu wenig, um ins Flugzeug zu steigen, anderthalb Tage mit den Leuten vor Ort zu verbringen und wieder zurückzufliegen. Für maximal zwei, drei Ideen rechnet sich dieser Aufwand nicht. Wie sollen deinem Kopf neue Ideen entspringen, wenn du ihn nicht mit neuen Ideen fütterst?

Für den reinen Content kann ich mir auch ein Buch kaufen. Außerdem: Content mitzuschreiben, ist das eine, aber bei einer Weiterbildung vor Ort, irgendwo auf der Welt, muss für mich einfach mehr passieren. Es geht auch darum, dass du da runterfliegst, aus dem Tagesgeschäft raus bist und dadurch mitunter ganz andere Assoziationen hast. Jemand spricht dort über A, aber bei dir im Kopf ploppt auf einmal B auf, und du sagst: »Wow, ich mache A zwar nicht genauso wie der, aber B ist ja 'ne tolle Idee, die setze ich um!«

Was den Content angeht, muss ich mir die Finger wundschreiben und mich darüber ärgern, dass ich in dem Moment nicht richtig zuhören kann. Es gibt ganz selten solche Momente, aber hin und wieder lerne ich Menschen kennen, die einen derart geilen Content raushauen, dass ich denke: »Unglaublich! Ich muss das mitschneiden, ein Audio oder Video haben, damit ich mir das anschließend noch zwei-, dreimal anhören kann. So lange und oft, bis ich alles verstanden und komplett für mich verarbeitet habe.«

Nach genau solchen Erlebnissen suche ich und flehe: »Gib mir Zugang und Wissen von Menschen, die in bestimmten Bereichen weiter sind als ich! Menschen, die Dinge von sich geben, die wertvoll für mein Business und das meiner Kunden sind.«

Es gibt innerhalb des DAX kein Weiterbildungs- oder Beratungsunternehmen. Die Big Player auf diesem Gebiet sind Boston-Consulting oder McKinsey, in Deutschland vielleicht noch Roland Berger. Generell ist das keine Branche mit großen Organisationen. Deshalb war es so wichtig für mich, aus diesem festgefügten System rauszukommen.

Schlussendlich steckte ich fast 25 Jahre lang in diesen ganzen Trainerorganisationen fest, und mein gesamtes Umfeld bestand aus Trainern. Und was passiert dann mit dir? Du übernimmst deren Glaubenssätze, die dich schlussendlich nicht weiterbringen. Ja, im Gegenteil, es hemmt dich in deiner eigenen Entwicklung. Viel zu lange befand ich mich innerhalb dieser Blase, statt mich auch mal woanders umzusehen. Heute weiß ich: Es ist elementar, dass du deine Branche, dein Umfeld, deine Bubble immer wieder wechselst.

Das beste Beispiel dafür ist wohl Steve Jobs. Als Mitbegründer und langjähriger CEO von Apple streckte er tief in der Computerblase, bis er schließlich bei Apple rausflog. Anschließend gründete er mit NeXT eine weitere Computerfirma, investierte jedoch zugleich sehr viel Geld in Pixar, ein Studio für Animationsfilme. Plötzlich agierte er nicht mehr im Computer-, sondern im Filmbusiness. Er baute Kontakte zu Hollywood sowie in die Musikindustrie auf. Mit dem animierten Film *Toy Story* feierte er einen gigantischen Erfolg, dem weitere folgten. Als er später zu Apple zurückkehrte, initiierte er dort Sachen wie Apple-TV und iTunes, und ich behaupte: Als reiner Computertyp wäre Steve

Jobs nicht in der Lage gewesen, das Erfolgspotenzial des iPhones zu erkennen.

Die Legende, die ich dazu kenne, geht folgendermaßen: Jemand vom Einkauf bot Apple dieses Gerät an. Er ging zur Geschäftsleitung und sagte: »Ich weiß, dass wir ein Computerunternehmen sind, aber könnten wir mit diesem Telefon vielleicht etwas anfangen?« Die Idee dazu kam ja nicht von Apple, doch die entwickelten das Ganze weiter, wie die meisten Sachen, die dieses Unternehmen in die Hand nimmt. Hier nun sahen sie eine Idee, die sie annahmen, optimierten und schlussendlich erstklassig vermarkteten.

Genauso war es zum Beispiel auch bei der Computer-Maus. Die war ursprünglich von Rank Xerox entwickelt worden, und Steve Jobs lernte das Ganze während einer Betriebsbesichtigung kennen. Er übertrug es auf Apple, weshalb Apple den ersten Computer herausbrachte, der eine Maus hatte. Die Idee kam auch hier nicht von Apple selbst, doch Steve Jobs war derjenige, der sie optimal adaptierte.

Um derartige Chancen wahrzunehmen, musst du festgefügte Bahnen verlassen und anders denken, einen anderen Blickwinkel haben. Deshalb ist es so megawichtig, dass du nicht in deiner Blase feststeckst. Darin siehst und erkennst du in deiner selektiven Wahrnehmung nur Dinge, die für dich passen. Steve Jobs hingegen hatte aus Apple nicht nur eine Computerbude gemacht, sondern verdiente ein Vermögen mit Apple-TV, und iTunes mischte die gesamte Musikindustrie auf. Wahnsinn!

Ich sage: Das alles wurde am Ende nur möglich, weil Steve Jobs die Blase wechselte und dadurch plötzlich ganz andere Dinge wahrnahm. Es ist so unfassbar wichtig, dies regelmäßig zu tun. Es gibt die Behauptung: Du bist dein einziges Limit. Das ist aus meiner Sicht eine der wichtigsten Mindset-Aussagen ever! Nicht die äußeren Umstände oder sonst etwas – du selbst bist am Ende dein Limit. Du bist es, weil du in deiner Blase unterwegs bist. In ihr nimmst du alles selektiv wahr, sprich einzig die Dinge, die im Kontext deiner Blase einen Sinn ergeben. Alle anderen Möglichkeiten entgehen dir, oder du lehnst sie sogar ab.

Beispiel gefällig? In meiner Trainerausbildung wurde über Großveranstaltungen mit 99-Euro-Tickets nur abgelästert: »Das ist keine Weiterbildung! Das ist irgendeine billige Show und hat nichts mit beruflicher Weiterqualifikation zu tun!«

Alles wurde schlechtgeredet, genau wie vor ein paar Jahren Donald Trump in Deutschland: Jedes Medium verriss diesen Mann komplett. In dem Moment, in dem alle schlecht über etwas reden, wirst du geframt und kommst zu dem Schluss: Wenn das alle sagen, dann muss das ja schlecht sein. Ja, mehr noch: Wenn alle das sagen und du keine einschlägigen Erfahrungen hast, dann *ist* das schlecht. Du bringst es nicht mal in deinen Kopf rein, dass das Ganze eine Option sein *könnte.*

Heute sind genau diese einst auch von mir so verachteten Großveranstaltungen ein gewichtiger Teil meines Geschäftsmodells. In den letzten zehn Jahren bin ich genau damit groß geworden, dass ich diese 99-Euro-Großveranstaltungen mache. Zu alledem sehe ich natürlich auch die Ergebnisse meiner Kunden und sage: »Dieses ganze Gerede stimmt nicht, es ist lediglich eine Ausrede. Diese ganzen selbst ernannten Ausbildungsexperten und Trainer reden schlecht drüber, weil sie es selbst nicht hinbekommen.«

Um eine Halle mit einigen Tausend Teilnehmern zu füllen, musst du außergewöhnlichen Content bieten, musst du eine Personenmarke und klar positioniert sein. Du brauchst dazu ein erstklassiges Organisationsteam im Hintergrund, dazu ein Marketing der Extraklasse. Das alles haben all diese »Experten« nicht vorzuweisen, weder meine Positionierung noch mein Personal Branding oder Marketing. Der Content ist wieder eine andere Geschichte. Es gibt viele, die einen großartigen Content haben, aber sie denken weder groß noch verfügen sie über das nötige Marketing. Mein Learning aus diesen ganzen Trainerverbänden: Ich hätte dort viel früher rausgehen müssen.

An dieser Stelle noch ein paar Worte zu unserer Wahrnehmung. Liest du dir Social-Media-Kommentare durch, siehst du im Grunde sofort das Mindset des Kommentarschreibers und erkennst: Der typische Angestellte kommentiert anders als ein Selbstständiger, dieser wiederum anders als ein Unternehmer oder ein Investor. Jeder Einzelne nimmt ein und dieselbe Sache so wahr, wie er sie durch seine Brille sieht – genau so, wie es jener Blase entspricht, in der er lebt.

Als Beispiel hierfür nehme ich gern eine schöne Frau. Sie bedeutet für einen Playboy ein Abenteuer. Mit ihr kann er Spaß haben – für ein Wochenende, eine Woche, einen Urlaub lang. Für einen Wolf hingegen ist dieselbe schöne Frau eine leckere Mahlzeit, getreu dem Motto: »Wow, wenig Fett, lecker!« Für einen Mönch bedeutet sie einfach nur Ablenkung. Er will so etwas gar nicht sehen, es lenkt ihn nur ab, nimmt ihn aus seinem Fokus raus. Alle drei betrachten dieselbe schöne Frau durch jene Brille, die ihre Blase ihnen aufsetzt. Am Ende und überhaupt ist es jedoch eine schöne Frau!

Und so laufen wir durch die Welt, ein jeder gemäß seiner Blase geframt. Was folgt daraus? Die Welt ist am Ende also nicht so, wie sie ist, sondern so, wie *wir* sind. Das ist ebenfalls ein wichtiger Glaubenssatz, den man erst einmal verstehen muss. Was für besagte schöne Frau gilt, kannst du auf die größten gesellschaftlichen Zusammenhänge übertragen, was mich geradezu zwangsläufig zu dem Schluss bringt: Auch und gerade eine Krise ist stets vor allem eine Wahrnehmungskrise. Wow, damit stecken wir nicht etwa inmitten einer solchen, sondern direkt im nächsten Thema!

Der Chancenblick – Krise als Sprungbrett

In meiner Veranstaltung »Unternehmer-Kick-off« vermittle ich den Teilnehmern unter anderem das, was ich den Chancenblick nenne. Das Ganze unter dem Motto: »35 Jahre Chancenblick, und wie ich ihn versemmelte!«

Bei mir begann dieser Prozess mit der deutschen Wiedervereinigung, es folgten die Dotcom-Blase, die Umstellung auf den Euro, die große Finanz- und schließlich die Corona-Krise. Jede dieser Krisen nahm ich wahr und kam gut durch sie hindurch, erlitt dabei nicht mal ein blaues Auge. Auf der anderen Seite wuchs ich jedoch auch nicht, sondern stagnierte, genau wie viele andere um mich herum. Das Ganze folgt einem einfachen Mechanismus. Du bist geframt auf Krise, und dieses Framing bedeutet: »Pssst, jetzt ist Krise, halt die Füße still! Gib kein Geld aus, investiere nicht, sondern sieh einfach nur zu, dass du überlebst.«

Wie alle anderen befand ich mich im Überlebensmodus. Erst im Zuge der Corona-Pandemie setzte ich die Chancenbrille auf – und siehe da, ich bewertete die gleiche Situation namens Krise schlagartig völlig anders. Corona, besser gesagt die Maßnahmen der Politiker und die Reaktion der Bevölkerung auf diese Maßnahmen, veränderten in meinem Kopf so irre viel! Plötzlich fing ich an, genau *innerhalb* dieser Krise meine Chance zu sehen. Mit Anfang 50 verstand ich zum ersten Mal in meinem Leben: Die Welt ist nicht so, wie sie ist, sondern so, wie *ich* bin.

Die Menschen litten unter den Maßnahmen der Politiker und vor allem daran, mit welchem Eifer sie mitunter umgesetzt wurden. Weilte ich für Seminare oder andere Dinge in Deutschland, hatte ich dort immer wieder Kontakt mit Leuten vom Ordnungsamt. Diese Menschen würden in der freien Wirtschaft nicht einen Tag überstehen, aber in der Uniform des Ordnungsamtes fühlte sich manch einer sehr mächtig.

Aber zurück zu mir. Wenn du dir sagst: »Diese Krise ist meine Chance!«, nimmst du alles um dich herum in einem völlig anderen Licht wahr. Am Ende machte ich in jenen Jahren Multimillionen, und zwar im wahrsten Sinne nachhaltig. Dass wir dieses Jahr im Auftragseingang neunstellig werden, ist die Folge jener Krisenverwertung. Dabei bin ich nicht etwa ins Maskengeschäft eingestiegen oder verkaufe Schnelltests. Stattdessen nehme ich die Bedürfnisse meiner Zielgruppe besser wahr und habe meine Angebote auf diese Bedürfnisse ausgerichtet – schneller und intensiver als meine Marktbegleiter. Deshalb bin ich aus dieser Krise ganz anders rausgegangen, schlussendlich konnten wir unseren Umsatz aus der Zeit vor den Maßnahmen bis heute verzehnfachen.

Nicht erst seit Corona – in *jeder* Krise werden Marktführer geboren, Grundsteine für Weltunternehmen gelegt. Wie viele Firmen, die es heute noch gibt, wurden in den 20er-, 30er- und 40er-Jahren des letzten Jahrhunderts gegründet? Frag einfach mal Google: Die meisten von ihnen entstanden kurz vor oder kurz nach der großen Weltwirtschaftskrise – und sie bestehen noch heute, weil ihre Gründerväter anders an diese einschneidende Situation herangingen. Noch einmal mein Mindset-Zitat dazu: Eine Krise ist immer eine Wahrnehmungskrise! Entweder nimmst du sie als Risiko wahr und spielst dementsprechend auf Sicherheit. Oder aber du begreifst sie als Chance und spielst offensiv. Offensiv zu spielen, erweist sich als elementar. Beispiel gefällig?

Vor ein paar Jahren lud man mich auf ein Charity-Dinner ein. Neben mir am Tisch saß ein Bundesliga-Profi, der aus Frankreich stammte. Wir kamen ins Gespräch, und er erzählte mir: »Ich habe erst in Frankreich gespielt, dann eine Weile in England, und mittlerweile kicke ich für einen deutschen Erstligaverein.«

»Was ist denn da der Unterschied?«, wollte ich von ihm wissen.

»In Frankreich spielen wir, um nicht zu verlieren, in England und Deutschland dagegen kicken wir, um zu gewinnen.«

»Okay, erklär mir das mal.«

»In Frankreich spielen wir offensiv, um das erste Tor zu erzielen. Haben wir das 1:0 geschossen, machen wir hinten dicht. Wir gehen gar nicht mehr über die Mittellinie und sorgen einfach dafür, dass wir kein Gegentor kassieren. Daher enden in Frankreich die Spiele so oft 0:0, 1:0, 0:1, 1:1 oder 2:1, alles in dieser Größenordnung. In England und Deutschland gibt's auch mal ein 3:0

oder 4:0. Hast du ein Tor geschossen, *bleibst* du in der Offensive. Das legendäre WM-Spiel gegen Brasilien, dieses 7:1, war ein Spiel der Offensive.«

Genau das macht den Unterschied aus: Nimmst du eine Krise als Chance wahr, spielst du offensiv und hast damit die Möglichkeit, einen klaren Sieg einzufahren. In dem Moment, in dem du defensiv spielst, kannst du das Spiel nicht gewinnen. Du gehst bestenfalls mit einem 0:0 vom Platz oder verlierst flach.

Nun mögen viele sagen: »Wenn wir aus dieser Krise nur mit flachen Verlusten rauskommen, ist das doch auch in Ordnung. Wir bauen einen Teil der Belegschaft ab, verlieren ein paar Marktanteile – *so what*? Wir kommen hier doch einigermaßen heil durch.«

Das ist defensives Geplänkel. Marktführerschaft und Wachstum erfordern dagegen ein Spiel der Offensive.

So weit die Theorie – wie aber sah nun die von mir realisierte Chancenverwertung konkret aus? In den Jahren vor der Corona-Krise optimierten wir einfach das, was gut lief. Wenn du das konsequent betreibst, induzierst du dadurch immer mal wieder Wachstumsschübe. Die sind nicht groß, aber immerhin. Du setzt halt das, was du kannst, besser und schneller um. Dieser Philosophie folgen die meisten kleinen und mittelständischen Unternehmen. Du gehst dabei kein großes Risiko ein, begibst dich nicht auf Neuland, an dessen Ufern du Schiffbruch erleiden könntest.

Im März 2020 war uns dieser Weg plötzlich versperrt. Wir konnten, vielmehr *durften* nicht mehr von dem machen, was gut funktionierte, genau das Gegenteil war der Fall. Am besten liefen die offenen Seminare, und die waren aufgrund der politischen Verordnungen fortan verboten. Eine Zeitlang durften wir *gar nichts* machen, das hieß: Wir mussten uns etwas einfallen lassen. Unsere Kunden hatten schließlich nach wie vor das Bedürfnis nach Weiterbildung und Motivation. Dafür jedoch brauchten wir jetzt ein anderes Format, eine andere Verpackung. Im medizinischen Kontext ausgedrückt: Statt Tabletten reichten wir jetzt

Saft. Es war immer noch die gleiche Medizin, aber in einer komplett anderen Darreichungsform.

Das Zauberwort hieß Digitalisierung. Zusammen mit zwei Partnern organisierten wir in einer Hauruckaktion ein digitales Studio für unsere Events. Das barg natürlich ein gewisses Risiko, schließlich verfügten wir über null Referenzerfahrung. Machst du als Pionier etwas zum allerersten Mal, unterlaufen dir normalerweise viele, viele Fehler. Schließlich kannst du niemanden fragen, wie es geht. Keiner hat das vorher gemacht – genau darin besteht die große Herausforderung bei Innovationen.

In Windeseile realisierten wir besagtes digitales Studio und boten das Ganze unseren Kunden als neues Format an. Für uns bedeutete das, unseren kompletten Seminarplan, der ja schon anderthalb bis zwei Jahre im Voraus fertig war, ins Digitale zu übersetzen.

Unsere Kunden ließen wir wissen: »Ihr habt Seminartickets gekauft, und wir liefern das Seminar, aber digital. Wenn wir wieder face to face mit euch kommunizieren dürfen, könnt ihr mit eurem Ticket alle noch mal wiederkommen. Ihr bekommt das Ganze also zweimal geboten, einmal in Tablettenform, einmal als Saft – alles für den einfachen Preis!«

Unsere Kunden sprangen voll drauf an. Auf diese Weise gewannen wir eine Menge neuer Kunden, die normalerweise nicht zu einem Präsenzseminar reisen. Menschen, die keine Lust haben, mit vielen Hundert anderen eng zusammenzusitzen, im Hotelbett zu schlafen, stundenlang in Auto oder Zug unterwegs zu sein. All diese Leute erreichten wir nun digital.

Wir gewannen plötzlich Menschen, die sagen: »Wenn es doof ist, dann verliere ich nur eine Stunde und kann den Tag noch für mich nutzen. Ist es aber gut, profitiere ich davon sehr.«

Den Einstiegspreis in meine Welt hielten wir anfangs total flach, mitunter lief es sogar gratis. Zugleich sprachen wir durch das neue Format Leute an, die vorher nie bei uns gewesen waren. Wir zogen die digitalen Events während Corona durch und fanden immer irgendeinen Weg, sie zu realisieren. Mein Mindset dazu: Wer will, findet Wege, und wer nicht will, findet Ausreden.

Es gibt eine berühmte Kongressrede von US-Präsident John F. Kennedy, in der er darlegt, wie er reagierte, als ihm erklärt wurde, dass es unter den gegebenen technischen Voraussetzungen unmöglich sei, zum Mond zu fliegen. Er hatte sich angehört, was ihm die Experten da erzählten, um sie anschließend wissen zu lassen: »Gentlemen, I hear your words. But I see the man on the moon!« Frei übersetzt: »Okay, ich hab's verstanden, und doch habe ich diese Vision. Jetzt macht euch an die Arbeit und findet eine Lösung!«

Das inspirierte mich, und so dulde auch ich in meiner Organisation kein »Das geht nicht!«. Kommt es doch mal vor, sage ich: »Okay, jetzt habe ich verstanden, wie es nicht geht. Und jetzt erklärt mir, wie es geht! Wie es *nicht* funktioniert, will ich gar nicht hören. Ich will eine Lösung. Geht weg und kommt wieder, wenn ihr sie habt.«

Steve Jobs verfuhr ebenso. Er brachte seine Leute bis an ihre Grenzen und darüber hinaus – aber auf diese Weise sind viele geniale Dinge entstanden.

Kurzum, wir zogen trotz Pandemie-Verordnungen sämtliche Veranstaltungen durch, indem wir unsere Formate digital anboten. Teilweise arbeiteten wir hybrid und 2021 durften wir schließlich zum ersten Mal wieder leibhaftig vor Menschen ran. Wir gastierten in der Porsche-Arena zu Stuttgart, in diese megageile Location passen 6.000 Leute. Und jetzt? Das Ganze erwuchs zum Roulette-Spiel, aber wer nichts wagt, kann auch nichts gewinnen. Erst im letzten Moment erteilten uns die Politiker die Freigabe und es hieß: Unter Einhaltung des Mindestabstands dürfen 1.000 Leute mit Maske, Impfbescheinigung und dem ganzen Krempel zu unserer Veranstaltung in die Halle. Schlussendlich hatten wir um die 800 Teilnehmer vor Ort und mehrere Tausend digital dabei.

Auf dem Fußboden befanden sich überall Leuchtklebebänder, die dir genau erklären sollten, wo du gehen darfst. Normalerweise arbeiten wir vor Ort mit 10 Securitys, hier aber bestand man auf 75 Security-Mitarbeitern. Zu alledem kam diese deutsche Genauigkeit. Als meine Assistentin und ich einen einsamen langen Gang entlang von A nach B liefen, erlaubte ich mir doch tatsächlich, nicht in dem markierten Bereich zu laufen, sondern in der Mitte. Sofort kam ein Security-Mitarbeiter angetrabt und bellte: »Rechts gehen!«

»Willst du mich verarschen?«, fragte ich ihn. »Erstens ist hier weit und breit kein einziger Mensch, und zweitens hast du heute Arbeit, weil ich hier bin. Ich jedenfalls laufe da, wo ich will!«

Diese ganzen, größtenteils völlig sinnfreien Ge- und Verbote waren furchtbar für mich, das ist einfach nicht meine Welt! Dabei erwies sich das Ganze ohnehin schon als kompliziert genug. Mitten in der Halle hatten wir eine Bühne aufgestellt, vom Prinzip her wie bei einem Boxkampf. Diese Bühne war jedoch rund und drehte sich, die ganze Zeit. Ich stand auf diesem Drehteller von acht Metern Durchmesser und performte darauf die Veranstaltung.

Im Saal hatten wir acht große, ultrateure LED-Wände aufgestellt, das Ganze wurde die preisintensivste Vertriebsoffensive, die wir je hatten. Allein für die Technik hatten wir irre viel Geld ausgegeben. Rund um die Bühne waren Kameraleute postiert, und ich musste, während ich vortrug, alle zehn Sekunden in eine andere Kamera schauen. Die ganze Zeit hieß es: Bitte in diese Kamera, jetzt in die nächste, die übernächste – und immer so weiter, mehrere Stunden am Stück.

Wir streamten das Ganze live. Die Leute konnten sich die Veranstaltung zu Hause ansehen und gleichzeitig waren 800 Leute vor Ort. Mega Kosten, mega Aufwand, aber vor allem eine völlig neue, überaus spannende Erfahrung! Über allem stand unmissverständlich meine Botschaft: Die Umstände interessieren uns nicht. Wir haben uns vorgenommen, die Vertriebsoffensive durchzuziehen, also *machen* wir das auch. Diese Botschaft war sowohl an meine Mitarbeiter als auch an meine Kunden gerichtet:

Alles klar, ihr könnt über die Umstände jammern, aber wir finden einen Weg, das Ganze umzusetzen.

An die drehende Bühne hatte ich mich schnell gewöhnt. Keine zwanzig Minuten, dann war ich voll drin. Am zweiten Tag gab es vormittags eine Aktivpause, und ich musste für zehn Minuten von der Bühne. Ich stieg also herunter, ging in die Regie und hatte richtig viel Spaß. Auf einmal jedoch wurde mir unglaublich schwindelig. Zum Glück stand direkt neben mir ein Stuhl. In den warf ich mich rein, umklammerte die Armlehnen und ließ meine Crew wissen: »Scheiße, mir ist total schwindelig.«

Den gleichen Effekt erlebst du, wenn du auf einem Kreuzfahrtschiff bist: Du fährst eine ganze Weile auf See, und gehst du zwischendurch an Land, übermannt dich das Gefühl, dass der Boden unter dir wankt. Solange ich auf der Bühne stand, verarbeitete mein Gehirn supergut, dass sich ringsumher alles bewegte. Als ich nun aber runtergegangen war und alles um mich her an Ort und Stelle verblieb, vermeldete mein Gehirn: »Was ist denn hier los? Hier stimmt was nicht.«

Deshalb aufgeben, das Ganze abbrechen? Niemals! Eine Wassersportlerin reichte mir kurzerhand zwei Tabletten gegen Seekrankheit, die sie aus Gewohnheit immer in ihrer Tasche hatte. Ich warf die beiden Pillen ein, blieb noch ein paar Minuten auf dem Stuhl sitzen, dann stieg ich wieder auf die Bühne. Attacke! Das war eine Erfahrung, die wohl kaum ein anderer macht, für die es keine Referenzerlebnisse gibt. »Wie geil!«, dachte ich da nur.

Wir zogen sämtliche Seminare durch, verloren wie gesagt keine Teilnehmer, gewannen im Gegenteil neue dazu. Schlussendlich erlangten wir eine höhere Sichtbarkeit – unsere Reichweite wurde viel, viel größer.

Ein zweiter wichtiger Baustein für unseren Erfolg war, dass wir während des Lockdowns jede Woche einen neuen Onlinekurs fertigstellten. »Wie geht denn *das?*«, wird sich jetzt mancher fragen, schließlich wächst so etwas wie Content für einen Onlinekurs nicht auf Bäumen. Um diese Frage zu beantworten, muss ich kurz zu meinen Anfängen als Trainer zurückkehren: In meinen ersten Jahren nahm ich quasi jeden Auftrag an. Wünschte der Kunde ein Messetraining, machte ich ein Messetraining. Sagte er darauf: »Das machen Sie super, können Sie auch ein Außendiensttraining machen?«, realisierte ich eben ein solches.

Als Nächstes ließ mich der Chef jenes Unternehmens womöglich wissen: »Herr Kreuter, unsere Leute kommen so super mit Ihnen klar. Wir haben gerade ein neues Produkt eingeführt, können Sie dazu ein Seminar anbieten?« Natürlich konnte ich das – und lieferte ein Seminar zum Thema Produkteinführung. Oder der Chef sagte: »Meine Führungskräfte laufen nicht richtig, können wir mal ein Seminar zum Thema Führung machen?«

Auf diese Weise ging es endlos weiter. Ich nahm jedes erdenkliche Thema an, positionierte mich keineswegs nur als Verkaufstrainer. Unter all den Seminaren befanden sich mitunter die exotischsten Sachen wie Existenzgründung als Handelsvertreter oder ein Seminar namens »Der gute Ton am Telefon«. Für einen Arzt aus Süddeutschland machte ich ein Seminar zum Thema »Patientenströme richtig leiten«. Er hatte so viele Patientenanfragen, dass er sie richtig organisieren musste. Ein anderes Mal sollte ich Langzeitarbeitslosen das Verkaufen beibringen.

Was immer meine Kunden an mich herantrugen, ich machte schlichtweg alles, was Geld brachte. Sagte ich mir doch: Je mehr Themen ich behandle und je öfter ich vor den Leuten stehe, desto weiter und schneller entwickle ich mich. Mit jedem Seminar werde ich besser und lerne dazu. Du wirst schließlich kein besserer Trainer nur durch Bücher oder indem du als Teilnehmer in Seminaren anderer sitzt. Vielmehr musst du Erfahrungen darin sammeln, selbst als Trainer mit Gruppen zu arbeiten.

Ich entwickelte eine Strategie, mir das erforderliche Wissen auf schnellstem Wege anzueignen. Quasi mittels Druckbetankung holte ich mir das fehlende Know-how an Bord. Die Methodenkompetenz hatte ich mir ja bereits während meiner Trainerausbildung angeeignet und sie im Folgenden stetig erweitert.

Alles damals Erlernte und Realisierte hatte ich ausführlich verschriftlicht. Das hieß, ich besaß lauter Aktenordner voller Content. In der Corona-Zeit holte ich diese Aktenordner raus und generierte aus jedem ein Onlinetraining. Nun also zahlte sich aus, was ich 20 Jahre zuvor alles gelernt und getan hatte. Ich digitalisierte den gesamten Content, und wir hauten jede Woche einen neuen Onlinekurs raus. Allein damit verdienten wir viele, viele Hunderttausend Euro.

Der dritte Baustein waren digitale Coachingprogramme. Unser bekanntestes, »Master of Sales«, läuft sechs Monate. Neben Videos über die Grundlagen, die sich die Teilnehmer ansehen können, gibt es siebenmal in der Woche ein Onlinecoaching mit jemandem aus meinem Team.

Des Weiteren gibt es das Skalierungs-Consulting. Es läuft über ein Jahr und ist so ähnlich aufgebaut. Es richtet sich jedoch an eine andere Zielgruppe und behandelt ein anderes Thema. Wirtschaftlich am erfolgreichsten läuft unser Mentoring-Programm. Es hat sich als Multimillionen-Projekt erwiesen, mit dem wir inzwischen achtstellige Umsätze erzielen. Hier fungiere ich jeden Donnerstagabend als Mentor für meine Teilnehmer und begleite sie mindestens ein Jahr lang.

Alle diese Formate bekamen durch Corona den Turbo verpasst. Das Ganze fühlte sich an wie Sportmachen auf Steroiden. Vor Corona hatten wir damit ein bisschen herumgespielt, und mit der Pandemie drehten wir das Ding so richtig hoch. Das war die Lösung: Unsere Kunden dürsteten nach positiver Energie, neuem Content, einem Mentor an ihrer Seite – und all das bekamen sie, ohne zu reisen, nebst der Gefahr, sich mit einem Virus anzustecken.

Sprechen wir vom Umsatz, sind die Coachingprogramme mit großem Abstand die Nummer 1, gefolgt von den Onlinekursen, Nummer 3 sind die digitalen Events.

Heute erzielen wir weniger als 5 Prozent unseres Jahresumsatzes mit klassischen Präsenz-Seminaren. Vor 8 Jahren machten sie noch 95 Prozent aus. Das heißt, wir haben zwar nicht unser

Geschäftsmodell, wohl aber die Formate einmal komplett durchgetauscht. Inhaltlich ist es die gleiche Medizin, aber was früher 95 Prozent in Tablettenform war, ist heute 95 Prozent Saft – um im medizinischen Bild zu bleiben.

Unser Erfolgstreiber ist es, bei alledem stets zu schauen: Was brauchen unsere Kunden in welchem Format? Dazu musst du immer auf dem Weg, stets in Bewegung zu bleiben: Ich akzeptiere einfach nicht, dass etwas *nicht* geht, womit wir wieder bei Kennedy wären. Funktioniert etwas auf eine bestimmte Weise nicht, muss ich eben einen anderen Weg beschreiten. Das fängt bei mir als Führungskraft an. Weiß ich doch: Die Grenzen eines Sportlers sind im Grunde die Grenzen im Kopf seines Trainers. Das ist einer meiner Glaubenssätze.

Würde ich sagen: »Nee, da können wir nichts machen«, würde mein Team das übernehmen. Und das wiederum geht tatsächlich nicht!

Sage ich dagegen: »Das akzeptiere ich so nicht, findet eine Lösung!«, suchen sie danach. Zugegeben, manchmal ist es auch so, dass meine Mitarbeiter schlussendlich sagen: »Wir haben keine Lösung.«

In diesem Fall begebe ich mich selbst auf die Suche. Habe ich schließlich eine Lösung gefunden, fassen sich meine Mitarbeiter an den Kopf: »Jetzt hat *der* das Ding geknackt, da hätten wir im Grunde auch selbst drauf kommen können.«

Aktuelle Informationen erwarten dich hinter dem QR-Code – einfach scannen.

Passende Beteiligungen

Zu den eben genannten 95 Prozent unserer Umsätze zählen neben allen erwähnten Formaten auch die Erlöse aus Büchern sowie meinen Beteiligungen. Es gibt mittlerweile fünf Beteiligungen, bei denen ich im schlechtesten Fall 10 Prozent, im besten fast 50 Prozent halte. In jeder stecken mein Gedankengut sowie mein Marketing mit drin, obendrein gehören mir Anteile jener Firmen.

Beteiligungen werden ab einer gewissen Größe für jeden Unternehmer zum Thema. Oft stellen mir meine Kunden Fragen wie: »Dirk, soll ich noch 'ne Firma gründen? Da und dort würde ich gern einsteigen …« Neulich ließ mich der Inhaber einer Immobilienfirma wissen: »Ich möchte gern einen Kindergarten aufmachen, und für meine Frau plane ich noch ein drittes Geschäftsmodell. Was rätst du mir, Dirk?«

Alle drei Geschäftsbereiche hatten nichts miteinander zu tun. Zur Beantwortung seiner Frage, die beispielhaft für die Situation vieler Unternehmer steht, betrachten wir einfach mal zwei Milliardäre mit unterschiedlichen Ansätzen. Nehmen wir zum Ersten Richard Branson. Der Mann verfügt über ein Privatvermögen von 3 Milliarden US-Dollar. Branson hat insgesamt ungefähr 400 Firmen und Beteiligungen. Jede dieser Firmen trägt zwar sein Label Virgin, sie sind jedoch allesamt komplett diversifiziert. Unter ihnen finden sich unter anderem eine Fitnessstudio-Kette, ein Plattenlabel, Airlines – lauter Unternehmen, deren Tätigkeitsfelder nichts miteinander zu tun haben. Wir haben hier also 400 Firmen, die zusammen ein Vermögen von 3 Milliarden US-Dollar ergeben.

Schauen wir uns zum Zweiten Jeff Bezos an. Er ist einer der reichsten Männer der Welt, derzeit finden wir ihn in den Top 3. In jedem Fall ist sein Vermögen um ein Vielfaches größer als das von Richard Branson. Wie aber kam es zustande? Bezos gründete Amazon – und alle Neugründungen hängte er in irgendeiner

Weise an dieses Kerngeschäft an. Nebenher leistete er sich mit der Washington Post quasi ein Hobby, das nichts mit Amazon zu tun hat. Alle anderen Firmen und Beteiligungen stehen zumeist in einer direkten Verbindung zu seinem Unternehmenskern – genau das ist die Philosophie meiner Beteiligungen. Somit dürfte klar sein, was ich meinem oben genannten Kunden in Bezug auf seine Unternehmenspläne riet.

Jüngst erhielt ich das Angebot, mich an einer Kosmetikfirma zu beteiligen. Nachdem ich eine Weile drüber nachgedacht hatte, war mir klar: Das wäre Richard-Branson-Style. Ich verfüge über keinerlei Erfahrungen in diesem Markt, das Ganze interessiert meine Community nicht, also kam es für mich nicht infrage.

Anders verhält es sich mit meinen bestehenden Firmenbeteiligungen, so zum Beispiel einer Virtual-Reality-Company, der XR-C Academy GmbH. Bringt Apple dieses Jahr seine eigene VR-Brille heraus, brauchen sie natürlich Content dafür. Das läuft dann genau wie beim iPhone: Apple stellt die Hardware und braucht anschließend Anbieter, die entsprechende Apps produzieren, die dann auf dieser Hardware laufen. Dass ich mich also an einer Company beteiligte, die Content und Formate für besagte VR-Brillen produziert, ist einfach nur folgerichtig. In meinem Fall handelt es sich dabei natürlich um Weiterbildungs-Content. Ich fange jetzt nicht plötzlich an, irgendwelche Spiele oder sonst etwas in der Richtung zu produzieren. Weiterbildung hingegen gehört voll und ganz zu meinem Geschäftsmodell.

Genauso verhält es sich bei der MBC My Best Concept GmbH, meiner ältesten Beteiligung. Seit 2017 bieten wir hier Onlinemarketing an. Das Geschäftsmodell in einem Satz beschrieben: My Best Concept ist das McKinsey des Onlinemarketings. Gerade die strategische Unterstützung in diesem Bereich ist so immens wertvoll für unsere Kunden.

Bei einer weiteren Company geht es um Steuerberatung, Kennzahlen sowie die Frage »Wie kommst du an Kapital?«. Ich bin kein Steuerberater und darf auch keine Steuerberatung machen.

Also gründeten wir eine Firma, die sich Unternehmerbaukasten nennt, in deren Rahmen wir genau die eben genannten Dinge anbieten. Hier sind unsere Geschäftspartner und Mitgründer Burkhard Küpper und Sascha Driesch. Auch das war eine logische Erweiterung meiner Wertschöpfungskette an der Customer Journey, der Reise des Kunden. Alles, was der Kunde braucht, um als Selbstständiger oder Unternehmer noch erfolgreicher zu werden, bieten wir aus einer Hand an.

Als Nächstes steht eine Ausgründung an, bei der ich beteiligt bin. Die GmbH wird den Namen CTA führen – Call To Action. Hier bündeln wir das Thema Bewegtbild, also Videos, Reels, YouTube, TikTok und dergleichen mehr, in einem eigenen Unternehmen. Daniel, ein verdienter Mitarbeiter aus meinem Team, ist dort Geschäftsführer und auch Gesellschafter.

Ein nächstes wichtiges Thema ist Public Relations, zu Deutsch Öffentlichkeitsarbeit. PR bedeutet: Du baust mehr Vertrauen auf, lieferst deinen bestehenden Kunden eine Kaufbestätigung und sprichst neue Zielgruppen an. Hier klaffte zunächst noch eine Lücke in meinem Angebot, die wir nunmehr logisch schließen.

Dabei bespiele ich das Thema PR im Grunde genommen bereits seit über zwanzig Jahren. Die ersten zehn Jahre tat ich es zusammen mit einer Agentur. Anschließend probierte ich es ein Stück weit selbst, dann arbeiteten wir projektbezogen mit verschiedenen Agenturen zusammen. Das Ganze besaß jedoch keinen richtigen Fokus, sondern lief eher unter *nice to have*.

Schließlich saß eines schönen Tages Carsten Borgmeier, PR-Profi seit 30 Jahren, in einem meiner Seminare. Carsten ist ein wirklich sehr guter Verkäufer. Unter ihnen gibt es ausgesprochen wenige, die ihr Handwerk gleichsam charmant wie zielgerichtet ausüben – und Carsten ist genau so einer. Direkt nach meiner Veranstaltung kam er auf mich zu: »Wie wär's, wenn wir zukünftig deine PR machen?«

Seine Idee gefiel mir. Wir machten dazu ein Zoom-Meeting, in dem wir uns sofort einig wurden. Das Ganze lief völlig ohne offizielles Angebot, ohne »Wir müssen noch mal drüber nachdenken«, sprich ohne all das übliche Geplänkel. Carsten beschrieb mir sein Angebot, es erschien mir schlüssig, und ich schlug zu. Seither überweise ich ihm jährlich eine sechsstellige Summe.

Kurze Zeit später erschien Carsten wieder bei mir im Seminar. Nach der Veranstaltung meinte er: »Unsere Zusammenarbeit in Sachen PR klappt super, aber deine Kunden brauchen das doch *auch*!«

»Na, klar brauchen meine Kunden das!«, konnte ich darauf nur erwidern. Eine weiterführende Zusammenarbeit zwischen Carsten und mir würde meinen Kunden all die Vorteile bescheren, die ich gerade beschrieben habe: kürzere Wege, mehr Neukunden, größeres Vertrauen und dergleichen mehr.

»Lass uns das zusammen machen«, schlug Carsten vor. »Du hast die Kunden, das entsprechende Marketing, eine enorme Reichweite und Verkaufspower. Ich für meinen Teil weiß, wie man die entsprechende PR auf die Beine stellt, und liefere genau das, was ich bereits seit 30 Jahren mache.«

Diese Konstellation erschien mir ideal. Wir waren vorher nicht befreundet und kannten uns auch noch gar nicht lange, in jenem Moment vielleicht seit zwei Monaten. Wieder wurden wir uns schnell einig. Beide Seiten haben klare Aufgaben und Kompetenzen, wir ergänzen uns wunderbar, also gingen wir das Ganze an.

Die meisten Gründer erstellen an dieser Stelle zunächst einen Businessplan. Steht der, suchen sie sich ein Büro, entwickeln einen spannenden Firmennamen samt Logo, drucken ihre Visitenkarten, bestellen Büromöbel, bauen eine Website. Das ist das typische Gründerprozedere. Wir aber zogen unser Unternehmen komplett anders auf. Stehst du deine 30 Jahre im Business, weißt du halt, was relevant ist und was du weglassen kannst. Die Sachen, die ich gerade aufgezählt habe, kannst du dir zum Beispiel komplett sparen.

Wir setzten uns hin und entwickelten auf einem A4-Zettel unser Leistungsangebot. Auf diesem Zettel standen schließlich drei, vier Produkte wie ein kleines, individuelles PR-Paket für meine Kunden, bei dem Carsten nicht im Vordergrund steht, sowie ein großes, individuelles Paket mit Carsten eher im Vordergrund. Dazu kamen Kunden- und Mitarbeitermagazine, die vier- bis sechsmal im Jahr erscheinen sollen, Onlinekurse sowie ein Ghostwriting-Autorenservice für alle, die ein Buch haben möchten.

Während meines nächsten Seminars holte ich Carsten auf die Bühne. Ich interviewte ihn zum Thema PR, und wir arbeiteten heraus, warum Öffentlichkeitsarbeit so immens wichtig ist. Am Ende unseres Gesprächs teilte ich den Seminarteilnehmern mit: »Genau das, worüber wir da gerade gesprochen haben, könnt ihr übrigens ab jetzt bei uns kaufen. Bis zum offiziellen Start dauert es noch etwa drei Monate, aber ihr könnt *jetzt* sagen: ›Das, das und das wollen wir von euch haben‹, und wir schreiben einen Auftrag. In drei Monaten kommen wir auf euch zu und sagen: ›Jetzt können wir liefern‹. Wenn ihr uns sofort bucht, seid ihr die Ersten und genießt einen Preisvorteil. Ihr bekommt den Startpreis, in drei Monaten werden wir den auf jeden Fall erhöhen.«

Auf diesem Weg sammelten wir innerhalb der folgenden zwei Wochen über 2 Millionen Euro an Aufträgen ein. Zur Erinnerung: Wir hatten noch keine Firmenadresse, dazu weder Logo noch Visitenkarten, unsere Firma war auch noch nicht im Handelsregister eingetragen, ja nicht einmal gegründet. Ihre Gründung terminierten wir auf den 1. Januar, um das Kalenderjahr als Geschäftsjahr zu haben.

Bereits vor dem offiziellen Start unseres Unternehmens hatten wir also zwei Millionen Euro an Aufträgen in der Hinterhand. Diese Vorgehensweise folgt konsequent dem Mindset: Was immer du anbietest – solange du es nicht verkaufst, ist es nichts wert. Also wird zuerst mal verkauft, alles Weitere kommt später.

Heute haben wir ein Büro in Berlin mit mittlerweile acht Mitarbeitern, die Stück für Stück sämtliche von uns akquirierten Kundenprojekte abarbeiten. Inzwischen führen wir auch ein Firmenlogo – nichts Besonderes, weil das einfach nicht wichtig ist. Ich habe übrigens seit mindestens fünf Jahren keine eigene Visitenkarte mehr. Wozu brauche ich die?

Unser Plan ist, dass wir bereits im ersten Geschäftsjahr vom Umsatz her achtstellig sind. Das ist möglich, weil Carsten für eine richtig gute Qualität unseres Produkts einsteht – und ich weiß halt, wie Marketing und Vertrieb funktionieren. Somit ergänzen wir uns perfekt. Das ist die Grundvoraussetzung für den Erfolg, denn du kannst das eine nicht ohne das andere realisieren. Ich kann etwas versprechen und verkaufen – passt die Qualität nicht, fällt uns das Ganze auf die Füße. Umgekehrt kannst du der beste PR-Berater auf diesem Planeten sein – wenn du keine Kunden hast, die dich dafür entsprechend bezahlen, wird es auch nichts. Das sind die beiden entscheidenden Faktoren: Produkt und Qualität auf der einen, Marketing und Vertrieb auf der anderen Seite müssen top sein. Und weil jeder von uns eine Koryphäe auf seinen Gebieten ist, funktioniert das Ganze.

Beteiligungen sind ein Geschäftsfeld, in das du hineinwächst, sofern du offensiv am Ball bleibst. Früher erreichten mich ein, zwei Anfragen im Jahr, ob ich an einer geschäftlichen Zusammenarbeit interessiert sei. Erst seitdem ich darüber rede – »Wir haben eine Beteiligung bei dieser Company, haben jene gegründet« – oder in Social-Media-Kanälen verkünde: »Wir suchen Leute für diese Firma, jenen Standort«, bemerken die Leute: »Ach, sieh mal, der Dirk macht nicht nur sein eigenes Ding, der hat auch noch andere Firmen«.

Ich sage auch immer wieder ganz offen: »Ich will weiter skalieren, auch mit weiteren Firmen. Wenn du jemanden suchst, der zusammen mit dir neu gründet oder bei dir einsteigt, melde dich!« Meine Kontakte, mein Netzwerk, mein Geld, mein Wissen – ich führe sämtliche Bausteine in meinem Portfolio, die eine Firma gebrauchen kann.

Seitdem ich derart in die Öffentlichkeit getreten bin, erreicht mich jede Woche mindestens eine Anfrage. Es gibt darunter natürlich Sachen, die nicht sinnvoll sind. Zum einen, wenn mir die Person, die da eine Zusammenarbeit anbietet, einfach nicht passt. Vielleicht kann ich sie nicht ab oder halte sie für nicht qualifiziert, oder es gibt sonst irgendwas, das mich zweifeln lässt. In einem solchen Fall hat das Ganze keinen Sinn.

Die nächste Frage lautet: Passt das Ganze zu meinem Geschäftsmodell? Dritter Punkt: Wie viel Arbeit bedeutet das Ganze für mich? Können meine Mitarbeiter das Gros erledigen, ist es halb so wild, aber wie viel Arbeit habe ich persönlich damit? Der vierte Punkt ist: Wie groß kann die gemeinsame Unternehmung werden? Präsentiert mir jemand eine Geschichte, die nach zwei Jahren 3 Millionen Euro Umsatz einfährt, brauche ich keinen Gedanken daran zu verschwenden. Das ist zu kleinteilig und damit unsinnig.

Kommt dagegen jemand mit der Ansage: »Wir können im zweiten, dritten Jahr vom Umsatz her achtstellig sein, das Ganze mit ansprechender Rendite«, erwidere ich: »Okay, klingt gut!«

Dazu kommt allerdings noch die Frage: Wie groß ist der Anteil, den ich kriegen kann? Sagt mir einer: »Du kannst machen, was du willst, aber ich gebe dir nur 3, maximal 5 Prozent«, ist mir die Losgröße zu klein. Das ergibt genauso wenig Sinn, wie wenn jemand für die Anteile, die er mir gibt, einen unangemessen riesigen Preis aufruft.

Sagt er zum Beispiel: »Ich gebe dir 10 Prozent, aber ich will 1 Million Euro Cash haben«, wobei das gesamte Unternehmen nur 4 Millionen Umsatz macht, winke ich nur ab.

Das sind meine Kriterien für zukünftige Beteiligungen. Wir bauen das Ganze noch weiter aus, wobei das Chefsache ist. Sämtliche diesbezüglichen Entscheidungen treffe ich persönlich – und zwar *nur* ich.

Bei den Amerikanern ist es seit Langem üblich, dass für Mitarbeiter Aktien-Optionen bestehen. Damit kriegst du erstens gute Leute und bindest sie zweitens an deine Unternehmen. Genauso verfahre auch ich. Habe ich also einen extrem guten Mitarbeiter, dem ich völlig vertraue, den ich schätze und der außerdem einen großen Beitrag zum Wachstum des Unternehmens beisteuert, biete ich ihm eine Beteiligung an.

Meine Geschäftsführerin Lisa beispielsweise ist an den meisten Firmen ebenfalls beteiligt. Lisa ist eine erfahrene Managerin, und es gibt etliche Geschäftsbereiche, in denen sie sich besser auskennt als ich. Also hole ich sie mit rein, meistens mit der gleichen Beteiligungsgröße wie die meine. Hier bin ich extrem großzügig, was immer wieder zu Diskussionen mit meinen engsten Vertrauten führt. »Wieso überlässt du ihr die gleichen Anteile, wie du selbst sie hast?«, fragen da manche. »Wieso gibst du ihr nicht 2 Prozent und du behältst 18 Prozent?«

Es gibt eine Weisheit, die besagt: »Lieber mit 10 Prozent an etwas beteiligt sein, was funktioniert, als mit 100 Prozent an etwas, das nicht funktioniert.«

Ich bin hier durchaus bereit, etwas abzugeben. Bedeutet dies doch zugleich weniger Arbeit für mich. Das Ganze funktioniert allerdings nur, weil ich einige überaus loyale Mitarbeiter um mich weiß, mit denen ich langfristig zusammenarbeite. Das ist zum einen Lisa und zum anderen Robert, seines Zeichens Geschäftsführer und Beteiligter an der Onlinecompany. Je nachdem, was das für eine Firma ist, die neu dazukommt, hole ich auch ihn mit rein. Robert besitzt, genau wie Lisa, eine besondere Expertise und beherrscht wiederum Dinge, in denen ich nicht so firm bin. Robert ist sehr gut im analytischen Denken und steckt unheimlich tief in den Bereichen Onlinemarketing und -strategien drin. Mittlerweile sind um die 1.500 Strategiepapiere über seinen Schreibtisch gewandert. Das heißt, er hat einen Einblick in 1.500 Unternehmen und deren Geschäftsmodelle bekommen. Dass er dadurch diesen anderen Blick hat, macht ihn so wertvoll.

Es kann also durchaus passieren, dass wir ein Drittel an einer Company kriegen – und ich dieses Drittel auf Robert, Lisa und mich aufteile. Das ist nicht immer so, aber in einigen Fällen läuft das so. Es sorgt mit dafür, dass ich einen kleinen, engen Personenkreis um mich habe, dem ich zu 100 Prozent vertrauen kann, und wir uns gegenseitig das Commitment geben, langfristig zusammenzuarbeiten und gemeinsam zu wachsen. Auf diese Weise halte ich die für mich extrem wertvollen Mitarbeiter.

Von meinem Naturell her gebe ich übrigens höchst ungern Anteile ab, insbesondere, wenn ich jemanden nicht gut kenne. Robert kenne ich jetzt seit 6 Jahren und Lisa seit 12, das ist etwas völlig anderes. Ihnen vertraue ich quasi blind.

Habe ich in meiner Organisation einen Mitarbeiter, der mir wichtig ist und den ich behalten möchte, gebe ich ihm hingegen einfach viel Geld. Trittst du jemandem Anteile ab, ist das im Grunde so, als würdet ihr gemeinsam ein Kind adoptieren, also ein ganz anderes Ding! Ist mir jemand wichtig, regele ich das also über den Verdienst. Es gibt eine Weisheit von meinem Freund und Kunden Andreas Sander, dem CEO der KOSATEC Computer GmbH, einem riesigen IT-Großhandel: »Bei uns geht keiner wegen Geld!«

Auf diesem Glaubenssatz kaute ich ein paar Wochen herum, weil ich mir natürlich sagte: »So viel Geld für einen Mitarbeiter ... Ist der das überhaupt wert?« Andreas aber sagt hierzu: »Ich werde schlussendlich einen Weg finden, wie besagter Mitarbeiter dieses Geld erwirtschaftet.«

Zu diesem Thema gibt es noch einen anderen Satz, der hier ebenso hingehört: »Du kannst bei mir so viel verdienen, wie du willst, du darfst mich nur keinen einzigen Euro kosten.«

Fragte mich früher ein Azubi: »Werde ich übernommen?«, antwortete ich ihm: »Mach mir einen Plan, wie ich dein Gehalt refinanziere – und im Idealfall mehr dabei herauskriege. Ich will dabei nicht einfach Kosten sparen, sondern dramatisch mehr Umsatz machen, sodass ich dich davon ordentlich bezahlen kann.«

Damit hatten alle Azubis eine Ansage und wussten: Nur, wenn ich richtig gut bin, werde ich hier übernommen. Jede Zusammenarbeit muss sich wirtschaftlich tragen. Es war ein wichtiges

Learning für die Azubis, zu wissen: Sie werden nicht übernommen, weil ich sie nett finde.

Es ist für jeden wichtig, innerhalb eines Unternehmens eine konkrete Position einzunehmen. Zum einen, um dabei etwas zu lernen und stetig besser zu werden, zum anderen, um für sich selbst herauszufinden: Entspricht das hier wirklich meiner Philosophie?

Über 20 Jahre lang haben wir mit Azubis gearbeitet. Meine Gedanken dazu lauteten: »Azubis sind 40 Stunden die Woche da, bleiben drei, vier Jahre lang bei mir und kosten nicht viel. Ein Azubi kostet mich laut Vollkostenrechnung um die 1.100 Euro im Monat. Wir fanden auch stets einen Weg, dass die jungen Auszubildenden unter der Woche nicht zur Berufsschule mussten. Alles super!« Letztes Jahr stellten wir jedoch fest, dass dieses Modell bei uns nicht mehr funktioniert.

Das hat vor allem einen Grund: Azubis kosten Tempo. Es gibt einen brandneuen Mindset-Spruch mit extrem hoher Brisanz: Schnell ist das neue Groß! Wir waren schnell bei den Onlinekursen, den digitalen Events, der Beteiligung an der VR-Company, und wir müssen schnell *bleiben*. Ja, mehr noch: Du musst heute schneller sein als jemals zuvor, willst du Marktführer bleiben. Das war ein riesiges Learning für mich.

Azubis musst du erst einmal sagen, was Sache ist. Du musst sie kontrollieren, und oft sind sie aufgrund ihres jungen Alters in ihrer Persönlichkeit noch nicht weit entwickelt und handeln mitunter völlig unreflektiert. Gerade in der heutigen Zeit geben Azubis gern mal auf, weil ihnen suggeriert wird, dass hinter jeder Ecke etwas Besseres auf sie wartet. Das alles funktioniert in unserer Organisation heute nicht mehr. Ich kann von einer Führungskraft nicht maximales Tempo erwarten, wenn sie gleichzeitig nur Azubis in ihrer Abteilung hat, die sie quasi wie in einem Kindergarten beaufsichtigen muss. Aus diesem Grund bilden wir seit letztem Jahr keine neuen Azubis mehr aus.

Das mag gesamtgesellschaftlich gesehen womöglich nicht die richtige Entscheidung sein, aber ich habe in den letzten 20 Jahren so vielen Menschen eine Chance gegeben, das reicht definitiv für den Rest meines Lebens. Wir müssen unsere Marktanteile ausbauen, ich will meine Ziele erreichen, und das geht halt nur, wenn wir uns bei alledem als schnell genug erweisen. Es tut mir leid, aber ich kann auf keinen Azubi mehr warten. Das mag bei der Stadtverwaltung, im Gesundheitswesen, bei der Polizei oder dem Finanzamt funktionieren, nicht aber in meiner Organisation. Bleiben wir also hart am Thema und kommen schnellsten Schrittes zum nächsten Punkt.

Kapitel 7

Du bist dein einziges Limit

Der Gamechanger: Bannister-Effekt

Am 6. Mai 1954 gelang dem britischen Mittelstreckenläufer Roger Bannister etwas, was bis dato unmöglich schien. Er selbst und viele andere hatten bis zu jenem Tag vergeblich versucht, die englische Meile unter 4 Minuten zu laufen. An jenem denkwürdigen Tag aber brach auf der Leichtathletikanlage der University of Oxford ein gewaltiger Jubel aus, als der Stadionsprecher Bannisters Laufzeit von 3 Minuten und 58,4 Hundertstelsekunden verkündete. Der damit neu aufgestellte Weltrekord stellte das Durchbrechen einer lange Zeit unüberwindbar scheinenden Schallmauer dar. Und was geschah?

Nicht einmal sieben Wochen gingen ins Land, da unterbot der Australier John Landy Bannisters Rekord. Im Laufe jenes Jahres liefen meines Wissens insgesamt 35 Leichtathleten die Meile unter 4 Minuten. Derartige Entwicklungssprünge nennt man seither Bannister-Effekt. Roger Bannisters Beispiel zeigt, was uns Menschen möglich ist, wenn wir fest daran glauben, das schier Unerreichbare zu bewältigen.

Warum aber gelang es jetzt plötzlich 35 Sportlern auf diesem Planeten, etwas zu erreichen, was sie zuvor jahrelang vergeblich versucht hatten? Lag es daran, dass die Sportschuhe auf einmal besser geworden waren? Nein. Waren neue, revolutionäre Trainingsmethoden der Grund dafür? Nein. Hatte die Pharmaindustrie in jenen Tagen ein sensationelles Produkt auf den Markt geworfen? Wieder nein. Mit Roger Bannister hatte einfach jemand gezeigt, dass es geht! Seine Leistung sorgte dafür, dass anschließend andere kamen, seinem Beispiel zu folgen.

Ärzte und Sportwissenschaftler waren sich zuvor einig darin gewesen, dass der menschliche Körper überhaupt nicht darauf ausgelegt sei, derart schnell zu laufen. Die Lunge würde platzen und dergleichen mehr – und nun war das für unmöglich Erklärte schlagartig Realität geworden. Was lehrt uns das? Nicht die Umstände – weder das Wetter noch das Material, das du nutzt oder sonst etwas von außen Herangetragenes – entscheiden über deinen Erfolg, sondern letztendlich deine Art zu denken. Ob du wirklich glaubst, was du dir da erzählst oder nicht, macht den entscheidenden Unterschied aus. Viele Leute sagen: »The sky is the limit«, aber das ist nicht wahr. Es ist schlussendlich *dein Inneres,* das über Erfolg oder Misserfolg entscheidet. Dein Kopf und dein Herz müssen daran *glauben,* dass du das, was du dir da vorgenommen hast, auch verwirklichen *kannst.* Egal, was es ist, irgendwann kommt jemand und macht das bis dahin Unerreichbare wahr. Warum also nicht du selbst?

Ich wohne wie gesagt im derzeit höchsten Gebäude dieser Welt. Der Legende nach hatten es seine Erbauer auf 550 Meter geplant. Und siehe da, es funktionierte! Also sagten sie: »Wir schauen mal, wie hoch wir kommen.« Auf diese Art wurde es noch ein bisschen höher und dann gleich noch mal ein Stück. Schließlich machten sie 828 Meter draus – aber erst einmal musste ein Scheich sagen: »Koste es, was es wolle, ich will hier in Dubai das höchste Gebäude der Welt stehen sehen!«

Um das umzusetzen, brauchte es Architekten und Ingenieure, die da sagten: »Wir müssen es uns erst mal vorstellen können, dass man eine derartige Höhe mit einem Bauwerk erreicht, in dem Menschen leben, das Stürmen, Hitze wie Erdbeben standhält, bei dem die Fahrstühle funktionieren und vieles andere mehr.«

Was auch immer du erreichen willst, zuerst einmal musst du es dir vorstellen, musst du es denken können. Beseelt von deinem festen Glauben, dass es funktioniert, machst du dir einen Plan – und gehst daran, ihn in die Tat umzusetzen. In meinem Leben finden sich etliche Beispiele für dieses Prozedere.

Zu meiner Zeit als Triathlet gab es ein krasses Rennen, das ich unbedingt angehen wollte. Der Triathlon in Nizza war die inoffizielle Weltmeisterschaft über die Langstrecken, eine wirkliche Herausforderung: 4 Kilometer Schwimmen, 120 Kilometer mit dem Rad durch die Berge und anschließend 32 Kilometer laufen.

»Werde ich diese Distanzen bewältigen?«, fragte ich mich, bevor ich jenes Rennen mit 19 zum ersten Mal anging. »Natürlich schaffe ich das!« Ich visualisierte es mir im Training immer wieder. Aber würde es tatsächlich funktionieren? Zwar hatte ich jede Einzeldistanz für sich bereits mehrfach geschafft, aber du trainierst ja nie den kompletten Wettkampf in einer Einheit, sondern jeweils nur die einzelnen Elemente.

Aus dem Wasser kommend, stieg ich aufs Rad und kam auch gut über die Berge. Die finale Laufstrecke verlief 16 Kilometer in eine Richtung, dann kam die Kehre und es ging dieselbe Strecke wieder zurück. Auf dem Rückweg war ich voller Endorphine, und ich sagte mir: »Jetzt *zeigst* du dir mal, wie es geht!« Alles fühlt sich einfach nur gut an. Natürlich tut es dir weh, aber du beweist dir gerade, dass du es schaffst. Und plötzlich wusste ich: »Jetzt ist *alles* möglich!« Dieses Erlebnis werde ich nie vergessen. Innerhalb der nächsten Jahre brachte ich besagten Triathlon sechsmal erfolgreich ins Ziel.

Auch in meinem Berufsleben habe ich einen derartigen Moment erlebt. Lange Zeit war ich wie bereits erwähnt der festen Überzeugung: Mein Jetstream-Netzwerk, das ich dir gleich näherbringe, muss immer schön klein bleiben, also höchstens 10 bis 12 Teilnehmer pro Jahr. In meinem Kopf herrschte der Glaubenssatz: Wenn die Teilnehmer so viel Geld dafür investieren, wollen sie ganz eng bei mir sein. Sie brauchen meine unmittelbare Nähe.

Dieser Grundsatz leitete mich über mehrere Jahre, bis ich eines schönen Tages mal wieder meinen Freund Koko besuchte. Koko lebt auch hier in Dubai und absolvierte damals gerade ein Jahr Weiterbildung bei Tony Robbins. Er war bei ihm Platinum Member, das ist so etwas wie bei mir die Jetstream Membership, nur eben im Tony-Robbins-Format. In jenem Jahr hatte Koko unheimlich viel Geld für seine Weiterbildung investiert. Er war über den gesamten Erdball geflogen, um bei sämtlichen Seminaren dabei zu sein. Platinum Partner zu sein, kostete etwa so viel wie mein Jetstream, und ich fragte Koko: »Wie viele sind denn da drin?«

Er überlegte kurz, bevor er antwortete: »Auf jeden Fall sind wir über 500.«

Das war der Gamechanger in meinem Kopf, mein persönlicher Roger-Bannister-Effekt, einfach nur: Wow! Hatte mir Tony Robbins doch in diesem Augenblick bewiesen, dass die Anzahl der Teilnehmer nichts mit der Qualität des Seminarangebots zu tun hat! Von diesem Moment an änderte ich meine Überzeugung, meine Glaubenssätze – und mittlerweile sind wir um die 200 in meinem Jetstream-Netzwerk. Natürlich steht nun auf meinem Plan, dass dort irgendwann mal 500 Leute und mehr drin sind.

Derartige Erlebnisse beweisen mir immer wieder die Gültigkeit dieses einen Satzes: Du bist dein eigenes Limit. Entscheidend ist die Art, wie du denkst, was du glaubst, wovon du überzeugt bist. Allein diese eine Bemerkung aus Kokos Mund sorgt bei mir mittlerweile für achtstellige Umsätze. Über ein paar Jahre hinaus wird mir dieser eine Satz neunstellige Umsätze garantieren – einfach nur weil ich, von ihm angestoßen, mein limitierendes Denken korrigiert habe.

Es war nicht das erste Mal in meiner beruflichen Laufbahn, dass es mir gelang, derartig limitierende Glaubenssätze über Bord zu werfen. Als Trainer war ich über viele Jahre als Einzelkämpfer unterwegs. Ich stellte mal eine Aushilfe ein oder arbeitete mit freien Mitarbeitern, was alles nicht so richtig funktionierte. Dann stellte ich jemanden fest ein, und das Team wuchs weiter. Alsbald waren wir fünf, schließlich zehn. Auf diesem Niveau blieben wir fast 15 Jahre lang. Die ganze Zeit über leitete mich die feste Überzeugung: Mitarbeiter bedeuten mehr Arbeit, nerven herum, machen Ärger, kosten Geld. Bis ich denen alles erklärt habe, kann ich es auch selbst machen.

Irgendwann jedoch verstand ich: Ist dein Geschäftsmodell ausgereift, intelligent und durchdacht, kannst du mit den richtigen Mitarbeitern an deiner Seite einfach nur noch wachsen. Ja, mehr noch: Du *brauchst* diese richtigen Mitarbeiter an deiner Seite, wenn du *wirklich* wachsen willst.

Es ist eben ein weiterer limitierender Glaubenssatz, zu sagen: Mitarbeiter machen nur Ärger und kosten Geld. Dass ich ihm so lange folgte, lag daran, dass ich noch zu unerfahren war und kein echtes Team um mich geschart hatte. Niemand hatte mir gezeigt, worauf ich bei der Mitarbeiterauswahl achten muss. Als ich endlich die richtigen Mitstreiter um mich wusste, merkte ich, wie viel Spaß es macht, zusammen mit ihnen zu arbeiten. Mittlerweile gibt es um die 160 Menschen, die nur für mich arbeiten, und wir werden weiterwachsen. Dies zu verstehen und danach zu handeln, dafür brauchte ich Jahrzehnte.

25 Jahre lang wusste ich nicht, dass Mitarbeiter überhaupt eine *Möglichkeit* sind, mein Geschäft zu skalieren und hochzudrehen. Dieses »Small is beautiful, ich bleib mal lieber schön klein« hat sich nicht nur für mich als ein falscher Glaubenssatz erwiesen. Mit ihm limitieren sich viele Menschen. In Deutschland gibt es um die 3,3 Millionen Unternehmen, von denen 90 Prozent unter 1 Million Euro Jahresumsatz bleiben. Das sind alles Leute, die noch nicht verstanden haben, dass du mit mehr Mitarbeitern viel mehr Umsatz generieren kannst.

Jeder, der weniger als 1 Million macht, zeigt damit im Grunde, dass er nicht bereit ist, zu wachsen und richtig groß zu werden.

Womöglich scheut er sich davor, Risiken einzugehen – und limitiert sich damit am Ende selbst. Auch hier gilt: »Du bist dein einziges Limit«. Diese Weisheit kannst du auf sämtliche Bereiche deines Lebens übertragen. Sie gilt im Sport wie im Unternehmertum, beim Verkaufen genauso wie in Dating, Partnerschaft oder Kindererziehung. Gerade was Geldverdienen und Reichtum angeht, trifft dieser Grundsatz extrem zu, wie ich in meinem Leben mehrfach erleben durfte. Das aktuellste Beispiel hierfür ist zweifelsohne mein bereits erwähntes Netzwerk, das ich dir nun endlich näher vorstelle.

Den QR-Code scannen, um aktuelle Details zu erfahren.

Jetstream Membership – mein Netzwerk

Die Idee zu meinem heute wohl bedeutendsten Produkt entstand daraus, dass es immer mehr Menschen gab, die näher an mich heranwollten. Sie wünschten sich, mit mir Dinge zu besprechen, die du nicht übers Mikro vor ein paar Hundert Teilnehmern in den Saal hinein fragst.

Vielleicht hast du einen Fehler gemacht und möchtest dich nicht vor allen anderen bloßstellen? Dazu kamen Fragen wie: Habe ich genug oder womöglich zu viele Mitarbeiter? Soll ich diesen Mitarbeiter befördern, jenen entlassen? Ist mein Gewinn dem Umsatz entsprechend? Soll ich das Gehalt erhöhen? Wie komme ich auf eine individuelle Provision beziehungsweise eine individuelle Variable in der Entlohnung? Das Ganze ging bis zu persönlichen Angelegenheiten wie: Ich habe Probleme mit meinen pubertierenden Kindern. Welche Werte kann und soll ich ihnen vermitteln? Meine Frau zieht nicht mit, was soll ich tun? All das sind Sachen, die man nur ungern öffentlich preisgibt, obwohl sie allesamt häufig vorkommen.

»Ich möchte gern deine Handynummer haben«, baten mich schließlich einige, »und wenn ich dich dann etwas frage, wünsche ich mir eine ehrliche Antwort.«

Aus dieser Situation heraus entstand mein heutiges Netzwerk Jetstream Membership. Anfangs waren wir zu sechst, dann zu neunt, zu elft, bevor das Ganze nach meinem erhellenden Gespräch mit Koko gehörig Fahrt aufnahm. Zweimal pro Jahr trafen wir uns für vier Tage in Dubai. Zwei weitere Treffen, jeweils über zwei Tage, fanden in Europa statt. Wir gastierten in Hamburg, London, auf Mallorca, im Zillertal oder in der Schweiz. Überall suchten wir uns ein schönes Hotel, um dort gemeinsam zu arbeiten. Als klare Highlights haben sich jedoch unsere Treffen in Dubai erwiesen. Damals wohnte ich noch gar nicht hier, aber in Dubai herrscht eben diese ganz besondere Atmosphäre samt schönstem Wetter.

Auch hier gastierten wir in erlesenen Hotels, jedoch arbeiteten wir immer draußen. Stets lud uns ein schöner Tisch im Schatten zum produktiven Austausch ein. Unsere Treffen gestalteten sich nicht sehr formell. In kurzen Hosen und im Poloshirt saßen wir beieinander, um gemeinsam zu arbeiten. Wir gaben weder Fotos noch etwas von den Inhalten, mit denen wir uns beschäftigten, in irgendeiner Weise nach außen. Was wir taten und besprachen, war einzig für die Mitglieder unserer Gruppe bestimmt.

Mein Angebot bestand zunächst in einer Seminar-Flatrate, das hieß: Die Gruppenmitglieder konnten alle meine Seminare besuchen, hatten meine Handynummer, und wir sahen uns auf den vier internen Treffen. Dass wir sie mittlerweile ausschließlich in Dubai abhalten, war gar nicht meine Idee. Die Teilnehmer sagten: »Egal, ob zwei oder vier Tage, in Dubai herrscht einfach eine ganz andere Energie, wir wollen nur noch hierher kommen.«

Zu Beginn unseres großen Wachstumsschubs äußerten einige Teilnehmer Bedenken wie: »Ich befürchte, dass es dann gar nicht mehr so individuell ist. Sicher verlieren wir an Qualität, weil wir nicht mehr so nahe an Dirk rankommen.«

Dem war jedoch nicht so, im Gegenteil. Stattdessen erleben wir nämlich ein anderes Phänomen: Menschen, die in etwa auf einer gleichen Entwicklungsstufe stehen, haben oftmals die gleichen Probleme. Willst du dich zum Beispiel vom Selbstständigen zum Unternehmer entwickeln, ist es im Grunde völlig egal, in welcher Branche du tätig bist. Was auch immer du konkret machst, du hast zumeist die gleichen Probleme zu lösen wie andere in dieser Situation. Stellt mir also jemand Frage A und ich antworte B, können das 90 Prozent der Leute für ihre Situation adaptieren und befinden: »Das war eine super Frage! Deine Situation ist vergleichbar mit meiner, und Dirks Antwort kann ich wunderbar für mich verwenden.«

Das Wertvolle besteht von nun an nicht mehr nur darin, welche Fragen du selbst stellst, sondern im Erleben: Welche Fragen stellen die anderen? Die nämlich behandeln mitunter Sachverhalte, auf die ich selbst gerade gar nicht gekommen wäre, die jedoch auch für mich genau jetzt entscheidend sind. Auf diese Weise hat sich die Jetstream Membership zum echten Business-Netzwerk entwickelt.

Vom Format her habe ich hier übrigens ein Vorbild: das Weltwirtschaftsforum in Davos. Schaust du dir dessen Historie genauer an, siehst du: Diese weltweit agierende Organisation ging im Grunde unter ähnlicher Ausgangslage an den Start. Zuerst gab es eine Konferenz, die im Laufe der Jahre immer größer wurde. Schließlich entwickelte sich das Ganze zu einem weit verzweigten Netzwerk mit mehreren regionalen Treffen – und einmal jährlich findet weiterhin die große Zusammenkunft statt, der mittlerweile auch viele namhafte Spitzenpolitiker beiwohnen. Es geht mir hier ausdrücklich nicht um den Inhalt, aber dieses Format ist mein Vorbild für Jetstream, und ich wünsche mir, dass wir irgendwann genauso unterwegs sind.

Der Austausch der Teilnehmer untereinander ist unheimlich wertvoll. So ist es kaum verwunderlich, dass über die Jahre aus dem Jetstream heraus mehrere Firmen entstanden. Zwei oder mehr Teilnehmer haben Angebote, die sich gegenseitig ergänzen – und kommen schließlich überein: »Wir realisieren das zusammen.«

Mittlerweile haben wir auch einige Pärchen dabei, und nicht immer arbeitet die Frau im Unternehmen mit. Manche Partnerin ist dabei, weil ihr Mann sagt: »Ich will, dass meine Frau erfährt, worüber ich mir Gedanken mache und was wir hier besprechen.«

Kinder sind verständlicherweise nicht zugelassen. Unsere Meetings sind äußerst intensiv und fordern sämtlichen Teilnehmern die volle Konzentration ab. Für gewöhnlich beginnt der Tag mit einem Arbeitsfrühstück, zu dem sich jeweils drei, vier Teilnehmer zusammentun, um dies und jenes zu besprechen. Den ganzen Tag über laufen unsere Meetings, und abends gehen wir gemeinsam essen. Auch hier sitzen dann wieder die richtigen Leute beieinander.

Das Ganze ist sehr transparent. Bist du dabei, weißt du genau, wie viele Mitarbeiter die anderen Teilnehmer haben und welche Umsätze sie generieren, worin ihre besonderen Herausforderungen bestehen oder wie groß ihr Wachstum ist. Dementsprechend spricht einer den anderen an: »Mensch, Klaus, können wir morgen mal zusammen frühstücken? Ich habe da zwei, drei Fragen.«

In einem Netzwerk wie dem unseren hilft einer gern dem anderen und ist auf der anderen Seite glücklich, wenn er selbst Hilfe erfährt. Deshalb sagt daraufhin niemand nein. Die entscheidende Frage ist: Von wem kannst du etwas lernen? Das funktioniert nicht bei jemandem, der auf der gleichen Ebene ist wie du oder gar unter dir steht, in wirtschaftlicher Hinsicht genau wie in der Persönlichkeitsentwicklung. Wirklich lernen kannst du nur von einem, der weiter ist als du und bereits dort steht, wo du hinwillst. Sagt also ein Jetstream Member: »Ich mache 1 Million Umsatz, will aber gern 10 machen!«, setzt er sich zum Frühstück oder Abendessen zu jemandem, der bereits 10 macht, und hört genau zu, was der ihm erzählt. Sich mit jemandem hinzusetzen, der 100 Millionen macht, brächte ihn dagegen nicht weiter, weil der Sprung einfach zu groß ist.

Nachdem wir eine Menge ausprobiert hatten, wählen wir für unsere Treffen jeweils ein 5-Sterne-Hotel, das mit allem aufwartet, was für Mitteleuropäer so richtig toll ist, sprich: Meer, Strand, Yachten, ein bisschen Natur – und gleichzeitig halt eine schicke Location mit allem Komfort. In der Regel logieren wir abgetrennt von den anderen Gästen. Wir haben komplett eigene Meetingräume, zumeist ist das gesamte Gebäude für uns reserviert. Das Abendessen, teilweise auch das Frühstück, nehmen wir in für uns abgesperrten Areas ein. Besuchen wir abends ein Restaurant, befindet sich dies in der Regel fußläufig vom Hotel entfernt.

Unsere Meetings sind qualitativ äußerst anspruchsvoll und fordern wie gesagt von allen volle Konzentration. Dessen ungeachtet steckt am Ende nur in einem gesunden Körper auch ein gesunder Geist. Es ergibt ja keinen Sinn, dich nur darauf zu konzentrieren, wie du mit deinem Unternehmen mehr Geld machst, und gleichzeitig Raubbau an deinem Körper zu betreiben. Deshalb wählen wir für unsere Jetstream-Treffen ausschließlich Hotels mit einem wirklich guten Gym. In unserem Lieblingshotel haben wir sogar zwei Gyms und beide sind jeden Morgen voll. Eine Gruppe geht am Strand laufen, eine andere schwimmt und zwei Gruppen trainieren im Gym. Da spricht auch mal einer den anderen an: »He, wir hatten heute Morgen noch Platz im Gym, wo warst du?«

Immer wieder beobachte ich, dass sich Teilnehmer, die sonst keinerlei Sport treiben, von ihren Seminarkollegen inspirieren und anstecken lassen – und auf einmal stehen auch sie morgens um sechs im Fitnessstudio. Eine halbe Stunde auf dem Laufband, danach beim Frühstück Business-Gespräche, das ist super!

Ein weiteres Phänomen: Nie habe ich im Jetstream auch nur einen Betrunkenen erlebt. Manche genießen abends ein, zwei Gläser Wein, womöglich auch jemand mal ein drittes, aber niemand ist betrunken. Schließlich sagt sich jeder Jetstreamer: »Ich fliege doch nicht hierher, um mich abends abzuschießen, und am nächsten Morgen krieg ich nicht mit, was abgeht!« Alle sind äußerst diszipliniert und achten gut auf sich.

Innerhalb unseres Netzwerks gibt es mittlerweile noch mal eine kleinere Gruppe, die Jetstream-VIPs. Sie umfasst im Moment zehn Mitglieder, und ich habe hierbei ein Déjà-vu erlebt. Arbeiten wir doch in dieser Gruppe im Prinzip genauso, wie ich es aus den Anfangsjahren von Jetstream kenne. Unsere VIPs zahlen noch mal deutlich mehr als die anderen Jetstreamer. Jeder, der dort rein will, muss allerdings zuvor mindestens ein Jahr Jetstream Member gewesen sein. Du kannst also nicht von Anfang an sagen: »Ich will in die VIP-Gruppe.«

Hören wir so etwas, lassen wir denjenigen wissen: »Wir haben es vernommen, aber wir wollen erst mal ein Jahr mit dir arbeiten.« Wir haben nämlich mehrfach festgestellt: In diesem einen Jahr kann so einiges passieren. Jeder Mensch verändert sich, und wir wollen jeden zuerst einmal kennenlernen, bevor wir ihm anbieten: »Wenn du willst, kannst du für zwei weitere Jahre VIP werden.«

Besonders in dieser Gruppe muss die Chemie stimmen, weshalb wir genau abwägen, wem wir ein Angebot unterbreiten. Wenn es so weit kommt, kennen wir einander mindestens ein Jahr lang, und der Betreffende weiß genau um unsere Leistung. Diese Gruppe soll auch gar nicht zu groß werden, doch ein klein wenig kann auch sie ruhig noch wachsen.

Mit den VIPs veranstalten wir ein paar Extras. Haben wir zum Beispiel externe Gäste da, die im Jetstream einen Vortrag halten, sind diese verpflichtet, das Mittagessen zusammen mit den VIPs einzunehmen. In der Mittagspause haben unsere VIPS die Gelegenheit, ihre individuellen Fragen loszuwerden.

Dazu gibt es eigene Tage, die wir mit dieser kleinen Gruppe an besonders exklusiven Orten verbringen. Das sind mitunter Brückentage zwischen einem dreitägigen Seminar und dem Jetstream-Meeting oder umgekehrt, zwischen Jetstream-Meeting und einem Folgeseminar. Diesen einen Tag Luft verbringen wir dann mit unseren VIPs. Oder aber wir verbringen einmal im Jahr zwei Tage mit ihnen, mal in Düsseldorf, mal in Dubai, jeweils in einem schicken Hotel.

Manchmal mieten wir auch eine schöne, große Yacht, um diesen Tag auf ihr zu verleben. Manch einer denkt jetzt womöglich: »Okay, da trinken die Champagner, essen Kaviar und lassen die Beine baumeln.« Dem ist allerdings nicht so, denn wir arbeiten dann an Bord. Die VIPs bringen in der Regel ihre Angehörigen mit, die die exklusive Yacht tatsächlich dazu nutzen, sich zu sonnen, Jetski zu fahren oder zu baden. Die Gruppenteilnehmer sitzen derweil mit ihrem Notebook oder mit Notizblock und Stift am Tisch, um miteinander spannende Strategiethemen zu besprechen. In diesem exklusiven Kreis geht es qualitativ gesehen noch mal ein Level höher zur Sache.

Jener Netzwerkaufbau einschließlich VIP-Bereich war übrigens nicht meine Idee. Der bereits erwähnte Tony Robbins organisiert es ebenfalls so. Was bei mir Jetstream heißt, nennt sich bei ihm Platinum Partners. Innerhalb dessen gibt es die Lions, die Löwen, denen wiederum Jetstream VIP entspricht. Wir fahren das gleiche Geschäftsmodell, und es funktioniert. Tony hat um die 500 Members und 35 sind in der Lions-Gruppe. Unsere VIPs sind wie gesagt aktuell zu zehnt, in Gänze umfasst Jetstream knapp unter 200 Members. Mittelfristig sollen es 300, langfristig 500 Teilnehmer werden.

Schließlich sage ich mir: Wenn Tony 500 kann, schaffe ich das auch! Das ist jedoch nur die eine Seite der Medaille. Vor allem nämlich haben wir festgestellt: Du holst als Teilnehmer einfach mehr aus dem Netzwerk heraus, wenn die Gruppe größer ist und du darin richtig tolle Menschen an deiner Seite hast. Es geht mir hier also keineswegs um ein Längenwachstum auf Teufel komm raus. Wäre es so, hätten wir bereits jetzt 500 Teilnehmer. Mir geht es zuerst um die Qualität. Nie käme es mir in den Sinn, auf deren Kosten vorschnell in die Länge zu wachsen. Lieber dauert es eins, zwei Jahre länger, aber ich habe die *richtigen* Members an Bord.

Lässt du nämlich die falschen Leute rein, fällt dir das auf die Füße. Stimmt das Miteinander nicht, werden deine Teilnehmer ihre Mitgliedschaft nicht oder nicht mehr verlängern. Es ist doch das beste Zeichen, wenn sie nach einem Jahr weiter dabeibleiben oder sogar das Upgrade in die VIP-Gruppe wollen. »Money talks« erweist sich auch hier als das beste Feedback, das ich kriegen kann, wie ich aus nunmehr langjähriger Erfahrung weiß.

Nächstes Jahr möchte ich Jetstream übrigens weiter internationalisieren. Der Plan ist, dass wir eine zweite Gruppe an den Start bringen, die auf Englisch funktioniert: exakt das gleiche Format, nur eben auf Englisch. Jeder Teilnehmer muss sich für eine Gruppe entscheiden. Mit der englischsprachigen Version möchte ich gern Menschen aus Middle East erreichen. Das müssen keineswegs Emiratis sein. 86 Prozent derer, die in Dubai leben, stammen nicht von hier und haben keinen emiratischen Pass. Sie kommen aus allen Ecken und Enden dieser Welt, und auch ihnen möchte ich mein Netzwerk anbieten. Jeder, der das Potenzial dazu hat, soll die Chance bekommen, dabei zu sein.

In der deutschsprachigen Gruppe sind natürlich vor allem Deutsche, Österreicher und Schweizer vertreten. Fast 10 Prozent von ihnen leben mittlerweile in Dubai, manche nur zeitweise. Der nächste Schritt ist also, 2024 die englischsprachige Gruppe zu eröffnen und damit die Qualitätskriterien noch weiter zu erhöhen – einfach damit mehr richtig gute Jetstream Members zu uns stoßen, was uns sogleich zur nächsten Frage führt.

Wenn du die neuesten Updates möchtest, scanne den QR-Code.

Wer wird Jetstream Member – und wer nicht?

Längst nicht jeder kommt in den Jetstream rein. Wir haben mittlerweile ein eigenes Auswahlverfahren entwickelt. Aus Erfahrung wissen wir: Du musst extrem darauf achten, dass die Mitglieder eines solchen Netzwerks gut zueinander passen. Unbedingt notwendig ist, dass sämtliche Members einander vertrauen können, dass niemand über einen anderen Teilnehmer lästert und alle eine entsprechende Wertschätzung füreinander aufbringen.

Wer sich über das Kontaktformular unserer Website für eine Jetstream-Mitgliedschaft bewirbt, kommt zunächst mit einem unserer Vertriebsmitarbeiter ins Gespräch. Dieser eruiert, ob das passen könnte. Ist das seiner Meinung nach der Fall, folgt ein Interview mit Jana, der Geschäftsführerin von Jetstream. Jana sieht noch mal ein wenig genauer hin, beantwortet alle Detailfragen des Bewerbers und trifft schließlich die Entscheidung. Entweder: »Das passt leider nicht« oder: »Das passt noch nicht«. Oder aber: »Herzlich willkommen, wann kann's losgehen?«

Bis zu diesem Zeitpunkt habe ich die Teilnehmer noch gar nicht zu Gesicht bekommen, da ich doch beim Auswahlprozess in keiner Weise involviert bin. Meine Rolle in diesem Netzwerk besteht darin, Ideengeber und Moderator zu sein. Natürlich habe ich auch ein bisschen Input bezüglich unserer neuen Members, aber der hält sich in Grenzen. Ich stelle die richtigen Fragen, helfe dabei, die richtigen Gäste auszuwählen und schaue, dass wir das jeweils optimal passende Format für unsere Zusammenkünfte finden. Es ist nicht so, dass hier Dirk Kreuter von der Kanzel herunterpredigt.

Die Mitgliedschaft läuft mindestens über ein Jahr, der Preis beträgt 100.000 Euro zuzüglich einer einmaligen Set-up-Gebühr von 10.000 Euro für die vier Meetings.

»So viel Geld!«, wird jetzt so mancher ausrufen. »Was um Himmels willen soll ich dort lernen, was so viel Geld wert ist?«

Das ist jedoch der falsche Blickwinkel. Die von uns aufgerufene Gebühr fungiert in erster Linie als ein Filter, im Prinzip funktioniert das Ganze genauso wie im Fußballstadion. Dort hast du zum einen das billige Ticket für die Stehtribüne. Was für Leute triffst du dort, und welche Umgangsformen legen die an den Tag? Sie brüllen herum, werfen sich unflätige Ausdrücke an den Kopf, bekippen einander gegenseitig mit Bier. Und nun nimm das 1.000-Euro-Ticket im VIP-Bereich. Wen hast du dort um dich herum, und wie gestaltet sich der Umgang dieser Menschen miteinander und mit dir? Top-Leute mit Top-Manieren!

Hier wie dort wirkt der Eintrittspreis also zuerst einmal als Filter. Bei uns sorgt er dafür, dass wir wirklich erfolgreiche Leute in den Jetstream bekommen. Dass jemand, der 100.000 Euro für so etwas zahlt, erfolgreich sein *muss*, darüber brauchen wir nicht zu diskutieren.

Zum Zweiten, und dieser Punkt erscheint mir mindestens ebenso wichtig, ist dieser Eintrittspreis ein Commitment. Bei Seminaren wie der Vertriebsoffensive erleben wir es immer wieder, dass mitunter bis zu 10 Prozent der Leute, die ein Ticket buchten, nicht zur Veranstaltung erscheinen. Sie lassen das Ganze auch deshalb sausen, weil ihnen die 99 Euro für das Ticket nicht wehtun. Aber 100.000 Euro tun dir weh. Und zahlen musst du sie in jedem Fall, wenn du die Jetstream Membership gebucht hast.

Der Preis fungiert also als Filter, was die Qualität der Teilnehmer angeht und zugleich als Commitment *für* die Teilnehmer, wirklich am Ball zu bleiben. Könnten wir das Ganze auch günstiger anbieten? Ja. Würde es dann funktionieren? Nein.

Fragt mich ein Interessent: »Kann ich mir die Mitgliedschaft auch fördern lassen?«, erwidere ich ihm klipp und klar: »Lass es sein, du kommst nicht rein. Diese 100.000 Euro müssen *dich* Überwindung kosten.«

Jeder, der eine Überweisung über eine derartige Summe tätigt, überlegt sich vorher genau, was er da tut, *darin* besteht das Commitment. Und es funktioniert: Sämtliche Teilnehmer erscheinen pünktlich zu den Treffen, bringen sich voll ein, nehmen hochmotiviert alle Meeting-Tage wahr. Niemand reist früher ab – nicht bei 100.000 Euro! Jeder Jetstreamer ist vom ersten bis zum letzten Tag engagiert am Start.

Ein weiterer wichtiger Punkt in unserem Netzwerk ist Ehrlichkeit. Sitzt du mit den richtigen Leuten beim Frühstück und erzählst ihnen Dinge wie: »Ich habe so doofe Mitarbeiter, die nerven mich einfach nur«, bekommst du von ihnen nicht etwa schnödes Mitleid übergeworfen, sondern den Spiegel vorgehalten. Heißt das Ganze doch zu allererst, dass du noch kein guter Unternehmer bist, weil du die falschen Leute eingestellt und nicht das Rückgrat hast, sie zu feuern und stattdessen die richtigen Mitarbeiter anzuheuern.

Diese Ehrlichkeit untereinander ist etwas unglaublich Wertvolles, denn ein derartig zielführendes Feedback erhältst du nirgendwo sonst. Bist du ein Unternehmer mit 50 Mitarbeitern – wen willst du bei Problemen um Rat fragen? Deine Mitarbeiter kannst du nicht fragen, die erwarten nämlich von *dir*, dass du weißt, wo es langgeht. In deiner Familie kannst du niemanden fragen, denn keiner kennt die Zusammenhänge, und auch deine Freunde beschäftigen sich nicht mit dem, was dich gerade umtreibt.

Also suchst du dir das passende Umfeld, sprich ein Netzwerk, in dem du auf Menschen triffst, denen du dich anvertrauen kannst und die dir im konkreten Fall weiterhelfen können. Genau das passiert bei uns im Jetstream, längst nicht nur während unserer Meetings in Dubai. Wir haben eine WhatsApp-Gruppe, und hier passiert es durchaus, dass jemand schreibt: »Ich habe eine Mitarbeiterin, die ist total oft krank und war schon in der Probezeit unpünktlich. Wir hatten ein Ziel vereinbart, und auf meine Nachfragen bestätigte sie stets, dass alles in Ordnung sei. Als der Termin der Präsentation anstand, meldete sie sich zwei Wochen krank, wie gehe ich damit jetzt um?«

Der Unternehmer wusste genau, dass die Frau nicht krank war, sondern das als Vorwand nahm, weil sie ganz offensichtlich nicht liefern konnte. Die meisten antworten darauf: »Bei aller Liebe, lass dir das nicht bieten. Austauschen – die nächste, bitte!«

Sehr oft geht es bei uns um Führungsthemen, denn Führung hat niemand wirklich gelernt. So etwas lernst du beim Militär, sofern du eine Offizierslaufbahn einschlägst, oder in einem Konzern während eines Trainee-Programms. Ansonsten werden alle Mittelständler ins kalte Wasser geworfen, was Führungsfragen angeht. Deshalb ist diese klare Ehrlichkeit untereinander für alle immens wertvoll, und etliche Members verlängern regelmäßig ihre Mitgliedschaft. Manche sagen sich auch: »Ein Jahr Dabeisein ist wunderbar, dann versuche ich mal etwas anderes«, viele aber buchen ein weiteres Jahr oder mehr. Einer ist jetzt bereits fünf Jahre dabei.

Es gibt einige Berufsgruppen, die wir prinzipiell nicht im Jetstream haben wollen, und das sagen wir auch öffentlich: keine Speaker, keine Trainer, keine Coaches. Generell suchen wir Menschen, die umsetzen, die hungrig sind und sich nicht passiv hinter Erwartungen verschanzen. Im Jetstream praktizieren wir eine Form des Miteinanders, die ich Holschuld-Prinzip nenne, was uns wieder zum Thema Mindset führt. In Deutschland sind viele Leute mit einer ständigen Erwartungshaltung unterwegs. Sie erwarten etwas vom Staat, von ihrem Lehrer, vom Arzt, dem Fernsehprogramm – stets und ständig *erwarten* sie, dass andere ihnen gefälligst etwas bieten.

Diese Haltung bedienen wir in der Jetstream Membership ganz bewusst *nicht*. Stattdessen gilt bei uns der Grundsatz: Du allein trägst die Verantwortung für dich, dein Leben – und hier konkret dafür, aus deiner Jetstream Membership das Bestmögliche herauszuholen.

Ich gehe also nicht ständig zu den einzelnen Mitgliedern hin und frage: »He, fehlt dir irgendwas, brauchst du etwas Bestimmtes, willst du mal zu mir auf den Schoß?« Das mag sich mal irgendwo ergeben, aber das ist dann halt nett. Ich ziehe mir am Ende auch kein Gejammer rein wie: »Ich bin von dem Jahr enttäuscht!«

Schließlich kannst du nur enttäuscht sein, wenn du vorher etwas erwartet hast. In dem Fall musst du selbst an der Erfüllung deiner Erwartungen arbeiten. Das Ganze läuft im Grunde wie die Mitgliedschaft in einem Golfklub: Wir bieten den Golf-Court mit seiner Infrastruktur, das Klubhaus, die richtigen Mitglieder. Aber *du selbst* musst Golf spielen. Tust du das nicht, kannst du dich am Ende schlecht beklagen: »Ich war jetzt ein Jahr Mitglied hier, aber ich bin keinen Deut besser im Golf geworden!«

Die einzig mögliche Antwort darauf kann nur heißen: »Du kannst auch gar nicht besser geworden sein, denn du hast ja gar nicht gespielt.«

Das ist die Botschaft des von uns praktizierten Holschuld-Prinzips: Wir tragen keinen zum Jagen. Wir bieten die Infrastruktur mit allem, was dazugehört, aber ist zum Beispiel jemand enttäuscht vom Interview mit Wolfgang Grupp, hat jedoch selbst keine einzige Frage gestellt, kann ich ihm auch nicht helfen.

Kommt jemand mit seinen Erwartungen, schiebt sie zu mir rüber und sagt: »Jetzt erfülle sie mir mal!«, schüttele ich den Kopf, denn genau andersherum wird ein Schuh draus: »Du brauchst keine Erwartungen, sondern *Ziele*. Mit diesen Zielen kommst du zu uns, und von nun an geht's darum, die richtigen Leute kennen zu lernen, das richtige Know-how zu erwerben, die richtigen Kontakte und Informationen zu generieren, die dir dabei helfen, deine Ziele zu erreichen. Das alles erfordert deine Aktivität und hat nichts mit Erwartungen zu tun.«

Nach diesen Kriterien suchen wir unsere Jetstream Members aus. Wir wollen weder Schwätzer noch Träumer oder Leute, die sich im Opfermodus befinden und die Schuld immer bei den Umständen oder anderen Menschen suchen. Wir brauchen hungrige Macher, die wachsen wollen und das auch können. Unsere derzeitigen Members sind Immobilieninvestoren oder Makler, Bauträger, Zahnärzte, Rechtsanwälte, große mittelständische Unternehmer mit 300 Mitarbeitern, Händler, Berater – so in etwa ist unsere aktuelle Bandbreite.

Angestellte haben wir derzeit keine dabei. Hatten wir welche, lief es in der Regel so: Nach dem Jahr Jetstream machten sie sich selbstständig. Ein Angestellter wurde beispielsweise Geschäftspartner eines anderen Jetstreamers. Mitunter kommt jemand mit Geschäftsmodell A in den Jetstream rein – und geht nach dem Jahr mit Geschäftsmodell B wieder raus. Wir besprechen vor allem Unternehmer- und Selbstständigen-Themen, aber prinzipiell ist alles möglich, wenn du die erforderlichen Voraussetzungen mitbringst.

Entscheidend ist die Energie! Wir Menschen sind Energiewesen – und bei uns im Jetstream herrscht noch mal eine ganz besondere Power. Du kommst in ein Top-Hotel mit einem superfreundlichen, aufmerksamen Service, befindest dich in der idealen Location am richtigen Ort – in Dubai mit seinem einzigartigen Flair, seiner ganz besonderen Energie. Allmorgendlich erlebst du den Sonnenaufgang, jeden Tag hast du schönes Wetter, du speist in erlesenen Restaurants – und das Wichtigste: Die ganze Zeit über weißt du die richtigen Menschen um dich herum.

Suchst du eine Überschrift für Dubai, so lautet sie: *Wachstum!* Jeder, der hierherkommt, ist begierig, zu wachsen. Also lauten unsere Hauptkriterien für jeden Jetstreamer: *Willst* du wachsen? Wie sehr willst du wachsen, und hast du auch die Möglichkeiten dazu? Zu alledem kommt das Commitment der 100.000 Euro. Und los geht's!

Für den normal denkenden Durchschnittsmenschen ist es sicher nicht nachvollziehbar, warum man für diese vier Treffen eine derartige Summe zahlen sollte – und als VIP gar noch etwas mehr. Das ist auch gut so, denn diese Leute sind dann einfach noch nicht so weit. Sie haben den Mehrwert für sich noch nicht erkannt, was völlig in Ordnung ist.

Doch es gibt auch andere Klippen, die wir bei der Auswahl unserer Jetstream Members zu beachten haben. Wir hatten einmal einen Unternehmer dabei, der uns eingangs wissen ließ: »Ich reise gerne, mag es, nette Leute zu treffen und komme liebend gern zu den Treffen. Wirtschaftlich geht's mir so gut, ich brauche eigentlich nur den Austausch mit den anderen.«

In diesem Fall hatten wir das Ganze vorab nicht sauber geklärt, dieser Mann hätte hier nicht reingedurft. Er ist zweifellos sehr erfolgreich, macht jedes Jahr Multimillionen, hat viele Mitarbeiter – alles wunderbar, aber ihn trieb die falsche Motivation. Vor Ort bei unseren Treffen zog er jede Menge Energie, statt die anderen Teilnehmer an der seinigen teilhaben zu lassen. Wir aber brauchen hier Menschen, die hungrig sind und einfach *mehr* wollen. Teilnehmer, die dir am Tisch von ihren neuen Geschäftsmodellen und davon erzählen, was sie gerade gestemmt und ausprobiert haben. Keine Gesättigten, die eigentlich von ihren Mitarbeitern nur noch genervt sind. Wir haben aus unseren Fehlern gelernt und sehen immer besser zu, die *richtigen* Members in unser Unternehmernetzwerk zu integrieren.

Scanne den QR-Code für die aktuellsten Informationen

Besondere Gäste mit erstklassiger Expertise

Wir laden zu unseren Treffen regelmäßig externe Gäste ein, die zusätzliche Impulse in die Gruppe bringen. So hatten wir zum Beispiel Prof. Fredmund Malik und Dr. Reinhard Sprenger, das sind im deutschsprachigen Markt die beiden Managementexperten schlechthin. Eine Unternehmerin, die mit booking.com über mehrere Jahre mit Hochdruck von 60 auf 15.000 Mitarbeiter skalierte, berichtete uns, wie das Ganze abgelaufen ist und worauf man bei einem derartigen Wachstum besonders achten muss.

Mit Wolfgang Grupp besuchte uns der größte Textilproduzent in Deutschland, zu ihm gleich mehr. Des Weiteren hatten wir Politiker, Wirtschaftsökonomen, Finanzexperten oder Biohacker zu Gast. Auch Dieter Bohlen und Boris Becker waren schon bei uns. Einige unserer Gäste sind Freunde und Bekannte aus meinem Netzwerk. Dazu kommen Koryphäen, deren Arbeit ich besonders schätze und die ich dann bitte, zu uns zu kommen, sowie der eine oder andere Promi.

Sie müssen, genau wie all die Experten, in unserem Kreis kein Blatt vor den Mund nehmen und können ganz offen sprechen, weil es keinen Audio- oder Videomitschnitt und auch sonst keinerlei Veröffentlichung gibt. Okay, die Teilnehmer machen ein paar private Selfies an der Fotowand, aber was Dieter Bohlen letztes Jahr auf einer Unternehmer-Veranstaltung in Deutschland passierte, wäre bei uns im Jetstream völlig undenkbar. Dort hatte er einen Gedanken zu einem außenpolitischen Konflikt geäußert und wurde daraufhin in diversen Mainstream-Medien komplett runtergemacht. So etwas ist bei uns undenkbar, weil wir derartige Informationen einfach nicht an die Öffentlichkeit geben. *Das* macht doch gerade das Besondere aus: Was erzählen denn ein Dieter Bohlen, Boris Becker, Til Schweiger oder Wolfgang Grupp, wenn die Tür verschlossen ist? Dies zu erleben, ist einzigartig, dazu cool und ausgesprochen lehrreich.

Was unsere Anforderungen und Erwartungen angeht, kommt es immer auf die konkrete Person an. Hole ich einen Experten, sag ich zu ihm: »Halten Sie bitte eine Stunde lang einen Vortrag zum Thema X, danach machen wir noch mal 90 Minuten Q&A – also Fragen und Antworten.«

Vormittags hören wir den inspirierenden Vortrag, während des Mittagessens beantwortet unser Gast zunächst die Fragen aus der VIP-Runde, anschließend folgt die Q&A-Session für alle. Hier ist es wichtig, dass zunächst mal alle miteinander warm werden. Um das zu erreichen, stelle zuerst ich meine Fragen. Anschließend kommen die Mikro-Runner zum Einsatz und jeder, dem eine Frage unter den Nägeln brennt, bekommt die Gelegenheit, sie loszuwerden. Dieser Austausch ist für alle Teilnehmer extrem wertvoll.

Boris Becker und Dieter Bohlen hielten keine Vorträge, sondern wir machten zwei ausgiebige Q&A-Runden mit ihnen. Stellen wir die richtigen Fragen, bekommen wir auch spannende Antworten. Unsere Gäste sind in der Regel drei, vier Stunden bei uns. Manche gehen abends noch mit uns essen, Dieter Bohlen buchte sein Hotel eine ganze Woche lang, ihn sahen wir also mehrere Tage und wussten ihn in unserer Nähe.

Von unseren bisherigen Gästen erinnere ich mich besonders an Wolfgang Grupp, der genau zu seinem 80. Geburtstag bei uns gastierte. Mit ihm hatten wir einen megaerfolgreichen Unternehmer vor Ort, der seit 45 Jahren im Geschäft ist, das Ganze in einem konservativ klassischen Markt wie der Textilbranche. Der Mann ist völlig klar im Kopf, spricht klare Kante, fährt eine schnurgerade Linie, trotzt sämtlichen Versuchungen – mit 80! Dieser Top-Unternehmer hat mich wirklich sehr inspiriert. Werde ich mitunter gefragt: »Wie lange willst du das eigentlich noch machen?«, führe ich mir Wolfgang Grupp vor Augen und erwidere: »Ich verstehe deine Frage nicht.«

Ein zweiter Gast, der mittlerweile schon dreimal bei uns war, ist Danien Feier. Der breiten Öffentlichkeit kaum bekannt, ist Danien einer der erfolgreichsten Network-Marketing-Experten auf diesem Planeten. Wir sind privat befreundet, er wohnt wie ich in Dubai. Passt es, rufe ich ihn an und frage: »Hi, Danien, ich habe gerade meine Jetstreamer da, hast du morgen Bock, mal 'ne Stunde rüberzukommen?«

Das läuft dann eher informell ab. Networker sind nicht unbedingt meine Zielgruppe, aber darum geht's am Ende gar nicht. Entscheidend ist, dass wir uns einfach mal verschiedene Geschäftsmodelle ansehen. Bei jedem Gast, den ich auf der Bühne habe, lautet daher meine erste Frage: »Was ist dein Geschäftsmodell? Wie verdienst du Geld, was machst du konkret?«

Danien Feier hatte in seiner gesamten Karriere bereits über eine Million Networker in seiner Downline. Das bedeutet, über eine Million Menschen hatten bereits mit ihm einen Vertrag, dass sie Produkte, die er gut findet, weiterempfehlen und vermitteln. Auch wenn das alles Freelancer sind, die das Ganze frei- oder nebenberuflich tun – wie viele Menschen kennen wir, die eine derart große Organisation um sich geschart haben? Sein Wirkungskreis umfasst Europa, den Nahen Osten und Nordafrika. Ich sah von ihm ein Video aus einem Fußballstadion in Ägypten. Dort war eine riesige Bühne aufgebaut, und die Leute flippten schier aus! Danien Feier verkörpert Motivation, Inspiration, Mindset, Groß-Denken, Immer-Weitermachen – und ist zu alledem einer der begnadetsten Professional Speaker, die es auf diesem Planeten gibt, sowohl auf Deutsch als auch auf Englisch. Er ist der zweite unserer Gäste, der mich extrem inspirierte.

Was deren Auswahl angeht, suche ich immer eine gute Mischung. Zum einen benötigst du Fachexperten. Die sind der breiten Öffentlichkeit oftmals kaum bekannt, selbst einen Dr. Reinhard Sprenger kennen nur Eingeweihte. Auch wenn ich einen weltweit renommierten Network-Marketer wie Danien Feier auf die Bühne hole, wissen mit seinem Namen für gewöhnlich nur jene etwas anzufangen, die in der Branche unterwegs sind. Das alles sind Koryphäen, die für ein bestimmtes Thema stehen und die dir aus ihrer Praxis Dinge erzählen, auf die du sonst nie kommen würdest.

Auf der anderen Seite brauchst du jene Gäste, mit denen du an der Fotowand ein Selfie machst. Als wir Wolfgang Grupp dahatten, schossen alle Teilnehmer Selfies mit ihm und posteten diese anschließend in den sozialen Netzwerken. »Das war mein Post mit der größten Reichweite«, verriet mir später so mancher, »darauf sprachen mich die meisten Leute an: ›Mensch, du mit Wolfgang Grupp. Wie geil!‹«

Genau diesen Effekt erzielten wir auch mit Dieter Bohlen, Boris Becker und Til Schweiger. Nahezu jeder, der ein Bild mit ihnen machte und es postete, wurde gefragt: »Wo hast du denn Boris Becker, Dieter Bohlen und Til Schweiger kennengelernt?«

Das ist ein netter Effekt, aber vor allem geht es mir hier noch um etwas anderes. Die Teilnehmer sollen die Chance bekommen, das Bild, das sie sich zumeist ausschließlich über die Medien von einer prominenten Person bildeten, mit der Realität abzugleichen. Und sie sollen den Promis Fragen stellen können, die diese vertraulich beantworten und die für jeden in unserer Runde von großem Interesse sind.

Boris Becker war ein äußerst erfolgreicher Sportler, aber er hat zwischendurch auch eine Menge Geld gemacht. Er hat viel ausprobiert und ist bei alledem auch mal gescheitert, und gerade das macht ihn für mich so interessant. Natürlich schaue ich mir gerne erfolgreiche Leute an, aber noch viel mehr interessiere ich mich für Menschen, die sehr erfolgreich waren, scheiterten – und wieder auf dem Weg nach oben sind. Was sich daraus für Learnings ergeben, ist durch nichts zu ersetzen und obendrein megaspannend.

Natürlich wollte ich von Boris Becker wissen: »Wie wurdest du so erfolgreich, und wie kam es, dass du abgestürzt bist? Welchen Rat hast du für uns, was können wir aus deinem Beispiel lernen? Was würdest du heute anders machen? Welche Schritte sollten wir unterlassen, damit uns diese negative Erfahrung nicht zuteilwird?« Ebenso interessiert mich: »Wenn wir diesen Fehler machen, wie gehen wir besser mit ihm und seinen Folgen um?«

Das sind für mich die interessanten Fragen, und es gibt viele prominente Persönlichkeiten, die in ihren Leben sehr unterschiedliche Erfahrungen gesammelt und neben allen erreichten Höhen auch tiefste Tiefen überstanden haben. Genau diese Leute will ich als Gäste in der Jetstream Membership haben, denn von ihnen erfahre ich Sachen, die mich *wirklich* weiterbringen.

Wir hatten neulich auch Til Schweiger bei uns zu Gast. Ebenso herausragende Locals, wie zum Beispiel Dr. Adnan Chilwan, den CEO der größten Islamischen Bank: 1,2 Milliarden Dollar Gewinn, ein Bilanzvolumen von 78 Milliarden Dollar, 10.000 Mitarbeiter. Er brachte uns Dinge nahe wie zum Beispiel: Wie führt man Islamic Banking? Wie rekrutiert und motiviert er seine Mitarbeiter? Vor ihm gastierte Adnan Al Noorani bei uns, ein Emirati, der hier mehrere Firmen hat und uns seine Führungsprinzipien nahebrachte. Wir sind also, was unsere Gäste betrifft, durchaus international aufgestellt.

Neben den externen Gästen mit besonderer Expertise oder Prominenz haben wir auch in unserer Gruppe jede Menge Potenzial, das wir regelmäßig präsentieren. Das dazugehörige Format heißt Success Cases. Hier hole ich immer wieder Jetstream Members auf die Bühne, die gerade extrem gut abliefern. Ihre Daten habe ich ja zuvor gesehen, weil sie sie uns regelmäßig einschicken. Pro Meeting interviewe ich sechs bis acht Teilnehmer, die in den vergangenen drei bis sechs Monaten die größte Steigerung hingelegt und ihr Geschäftsmodell gerade maximal skaliert haben. Auf der Bühne stehen dann wie immer zwei Sessel, und ich frage: »Okay, erzähl mal, wie hast du das gemacht? Worauf muss man achten? Was hat geklappt, was nicht?«

Früher war in der Jetstream Membership mein gesamtes Seminarprogramm inkludiert. Das ist heute nicht mehr so, aber wer will, kann eine separate Flatrate dazukaufen und somit sämtliche Veranstaltungen besuchen.

Kommen Jetstreamer in andere Seminare, finden sie dort stets reservierte Plätze vor. Sie sitzen immer ganz vorn, und wenn es passt, mache ich Namedropping. Brauche ich mal wieder ein gutes Beispiel, nehme ich dafür jemanden aus der Jetstream-Gruppe, weil ich die nun mal am besten kenne. Dann gehe ich zu demjenigen hin, reiche ihm das Mikro und frage: »Wie war das bei dir? Erzähl doch mal, wie hast du das geschafft?« Damit erhalten die Jetstreamer eine entsprechende Sichtbarkeit, und so soll es ja auch sein.

Der QR-Code enthält immer die aktuellsten Informationen.

Verschiebe dein Limit!

Mit dem hier beschriebenen Netzwerk lebe ich meinen oben genannten Leitsatz zusammen mit vielen engagierten, erfolgreichen Unternehmerpersönlichkeiten. Was uns eint? Die Bereitschaft und die Fähigkeit, exponentiell zu wachsen. Nun ist Wachstum kein einmaliges Ereignis mit Datum und Uhrzeit, sondern ein stetig fortlaufender Prozess. Lass uns das also an dieser Stelle ein wenig unter die Lupe nehmen.

Es gibt drei Stufen des Wachstums. Die erste besteht in deiner persönlichen Weiterentwicklung. Damit sind wir auch schon wieder bei jenem Satz, der über diesem Kapitel steht. Jemand, der klein denkt, kleine Ziele hat und sich im Opfermodus befindet, für den das Gras also immer auf der anderen Seite des Zauns am grünsten ist, der wird nie ein erfolgreicher Unternehmer. Ja, mehr noch, wer mit dieser Einstellung durchs Leben geht, der wird nicht mal Unternehmer, sondern scheitert zwangsläufig. Entscheidend für deinen Erfolg sind deine Art zu denken, deine Glaubenssätze, deine Überzeugungen – sie zu optimieren, darin besteht stets der erste Schritt.

Die zweite Stufe ist das wirtschaftliche Wachstum, sprich: Wie musst du *wirtschaftlich* denken und handeln, damit du *noch* erfolgreicher wirst? Hierzu beschäftigen wir uns mit dem geschickten Einsatz von Finanzmitteln, reden über Themen wie: kaufen, mieten, leasen, Mitarbeiter einstellen, die Führungsebene optimal besetzen, *am* statt im Unternehmen arbeiten, Software-Lösungen, Kunden-Akquise und dergleichen mehr. Das Thema Verkauf macht in so einem Meeting vielleicht 5 Prozent aus. Dafür gibt es Seminare wie die Vertriebsoffensive. Die Jetstream Membership jedoch ist vor allem ein Unternehmernetzwerk. Hier gehst du hin, weil du als Unternehmer wachsen willst.

Die dritte Stufe schließlich bildet das finanzielle Wachstum. Hier geben wir uns durchaus auch Anlagetipps wie: »Kaufe Aktie A, Fonds Y oder ETF Z!« Vielmehr geht es jedoch um grundlegende Dinge wie: Komm raus aus dem Tausch Zeit gegen Geld, was einer der grundlegendsten Fehler ist. Ein weiteres interessantes Thema lautet: Wie mache ich eine Aktienanalyse? Dazu musst du gar nicht sämtliche Wirtschaftszeitungen lesen. Such dir einfach die zwanzig erfolgreichsten Fondsmanager auf diesem Planeten, die seit 30 Jahren nichts verloren haben und erfolgreich durch jede Krise gingen. Sieh dir an, was die kaufen, und kopiere deren Anlagestrategie. Im Netz gibt es Portale, in denen sie veröffentlichen müssen, was sie gekauft haben – und das kaufst du dann halt auch.

Dazu kommen weitere Fragen, zum Beispiel: Wie kannst du dein Unternehmen steueroptimieren, Zuschüsse sowie Fördermittel bekommen?

Nun neigen wir Menschen mitunter zur Bequemlichkeit, das heißt: Wir genießen es, uns möglichst oft in unsere jeweilige Komfortzone zu begeben. Sie umfasst jenen Bereich, in dem uns alles vertraut ist, sodass wir uns wohl und sicher fühlen. Das mag unsere Lieblingspizza bei unserer Lieblingskellnerin Antonia sein. Wir bestellen immer die Pizza Nummer 27, die Tonno mit Zwiebel, und anschließend trinken wir einen italienischen Likör. Wir gehen immer in dasselbe Kino, fahren immer an den Wolfgangsee in den Urlaub, wählen immer dieselbe Bundeskanzlerin. Das ist die Komfortzone, und die gibt es ja nicht nur für Menschen, sondern auch für Organisationen, ja, ganze Nationen. Deutschland beispielsweise ist Komfortzone pur. Es gibt kaum ein Land, das derart in ihr verharrt.

Willst du jedoch wachsen, dich weiterentwickeln, liegt diese Weiterentwicklung stets *außerhalb* jener vertrauten, bequemen Nische. Das Verlassen der Komfortzone kann bedeuten: Du stellst neue und mehr Mitarbeiter ein, vielleicht sogar mehr, als du dir gerade leisten kannst. Oder du gründest eine zweite Niederlassung, expandierst ins Ausland, nimmst ein neues Produktsortiment auf, beteiligst dich an einem Marktbegleiter, versetzt deinen persönlichen Lebensmittelpunkt in ein anderes Land, auf einen anderen Kontinent oder ziehst dich aus dem operativen Tagesgeschäft zurück. All das und noch viel mehr bedeutet: Du verlässt deine Komfortzone. Alles, was plötzlich neu ist, im Prinzip fast jede größere Veränderung fällt unter dieses Thema.

So weit die Unternehmerseite. Persönlich kann das Verlassen der Komfortzone der Rucksackurlaub durch Nepal sein, oder du fährst mit dem Fahrrad den Rhein vom Bodensee bis zu seiner Mündung in die Nordsee. Ich für meinen Teil sehe zu, dass ich jedes Jahr eine neue Sportart ausprobiere – auch das heißt, meine Komfortzone zu verlassen. Oder ich unternehme eine Fernreise in ein Land, von dem ich keine Ahnung habe, um mich dort ohne Reiseleitung, ganz auf mich allein gestellt zurechtzufinden. Früher liebte ich es, Autos auszufahren und dabei zu erleben: Wie weit geht denn die Tachonadel noch?

Ans körperliche Limit gehe ich heutzutage zum Beispiel, wenn ich mit dem Surfbrett unterwegs bin und entscheide: »Diese Strecke will ich jetzt paddeln.« Geht es dabei aufs offene Meer hinaus, ist das mitunter gefährlich. Kommt unterwegs ungünstiger Wind auf, hältst du das kräftemäßig nur eine gewisse Zeitlang aus. Es reizt mich jedoch, übers offene Meer eine Insel zu erreichen und zu sagen: »Da brauche ich zwar drei Stunden hin, drei Stunden zurück, aber egal, da paddele ich jetzt hin!«

Die Komfortzone zu verlassen, bedeutet zugleich, deine Limits zu erweitern. Und bist du deine sechs Stunden allein auf offenem Meer gepaddelt, ist alles andere der reinste Kindergeburtstag! In dem Moment, in dem du dein jetziges Limit ein Stück weiter rausschiebst, ist dies fortan dein neuer Standard. Das Wichtige daran: Du schiebst das bestehende Limit weiter weg, erhöhst deine Standards, setzt neue und gibst alles, damit du fortan nicht mehr darunterfällst.

Ähnlich erging es mir beim Fallschirmspringen. Ich habe zwei Mal einen Tandemsprung absolviert, was ich zunächst durchaus gut fand. Was mir dabei allerdings nicht so gut gefiel, war, dass ich einen anderen Menschen, den ich gar nicht kenne, so nahe bei mir hatte. Also hieß die Lösung: Du musst allein springen. Ich belegte einen Fallschirmkurs und habe, Stand heute, insgesamt elf Sprünge absolviert, neun davon allein.

Beim Geld ist es genauso. Hast du in einem Jahr 10 Millionen Euro gemacht, willst du im nächsten Jahr nicht 2 Millionen machen, sondern auf keinen Fall unter die 10 Millionen fallen. Auf diese Weise arbeite auch ich persönlich in den verschiedensten Bereichen meines Lebens daran, unaufhörlich zu wachsen, meine Standards zu erhöhen. Weiß ich doch seit meiner Kindheit aus eigener Erfahrung: Du selbst bist dein einziges Limit.

Mehr erfahren? QR-Code scannen und auf dem neuesten Stand sein!

Kapitel 8:

Nichts und niemand hält mich auf

Sie meinen nicht dich – vom Umgang mit Hatern und Neidern

Sichtbarkeit ist *die* Voraussetzung dafür, dass die Leute dich kennen. Wer dich nicht kennt, kann bei dir nichts kaufen. Jeder Unternehmer, jeder Verkäufer, ja, jede Person braucht Sichtbarkeit, daran führt kein Weg vorbei. Nutzt du deine Sichtbarkeit richtig, sorgt sie dafür, dass du gutes Geld verdienst.

Um sie zu bekommen, musst du aus der Masse herausstechen. Das bedeutet, du darfst weder uniform noch konform sein – eben gerade *nicht* so wie alle anderen. Dann nämlich erscheinst du langweilig und niemand nimmt dich wahr, geschweige denn ernst. Kurzum, du benötigst Sichtbarkeit für deinen Erfolg, ohne sie bleibst du erfolglos. Zu alledem musst du dich sauber positionieren. Für alle um dich herum muss klar sein, dass du für und gegen bestimmte Dinge stehst.

Ich *stehe* für bestimmte Dinge, nämlich für Resultate, Verkauf, Klarheit, für eigenständiges Denken und vieles andere mehr. Nun aber gibt es Menschen, die sich an dieser meiner Positionierung stören. Die meisten von ihnen sind vor allem eines: unzufrieden mit sich selbst. Sehen sie also, was andere besitzen und erreicht haben, was für ein tolles Leben sie führen, löst das besonders im deutschen Kulturraum allzu gern Neid und Missgunst aus.

All die Menschen, die mich konsumieren, die also dieses Buch lesen, meine YouTube-Videos anschauen oder meine Seminare besuchen, kommen zu mir, weil sie, in welchen Bereichen auch immer sie agieren, *erfolgreicher* werden wollen. Ich behaupte, neun von zehn Menschen möchten gern erfolgreicher sein. Das Spannende daran: Von diesen neun bleibt am Ende ein Einziger übrig, der dies wirklich und ernsthaft will. Die anderen acht möchten es zwar, aber nur sofern das Ganze nicht zu viel Aufwand bedeutet. Ich sage weiter: Von diesen neun ist am Ende ein Einziger bereit, den Preis für seinen Erfolg zu zahlen und dann auch entsprechend zu liefern.

Auf Social-Media-Portalen oder diversen Internetforen kann jeder, oftmals geschützt durch die Anonymität, seiner Meinung ungehindert freien Lauf lassen. Das alles ohne jeden Nachweis der Stichhaltigkeit seiner hervorgebrachten Argumente, wenn er denn überhaupt welche liefert.

Ein schönes Beispiel hierfür ist das Thema Network-Marketing. Das ist ein Vertriebsformat, genauso wie der stationäre Einzelhandel, Vertrieb über Außendienst, E-Commerce, Verkauf am Telefon – es ist einfach nur eine Vertriebsform, die in vielen Ländern extrem erfolgreich ist, zum Beispiel in den USA. Viele Frauen im besten Alter betreiben dort Network-Marketing, oftmals gar nicht zuerst, um damit reich zu werden, sondern weil sie dabei Freundinnen kennenlernen und positive Menschen treffen. Nebenbei empfehlen sie halt Produkte und Dienstleistungen, von denen sie überzeugt sind. Im Grunde gibt es Networks in allen erdenkbaren Bereichen.

Noch mal: Network-Marketing ist ein *Format*, genau wie beispielsweise der Einzelhandel. Es beginnt damit, dass jemand sagt: »Ich habe hier ein neues Produkt, wie vertreibe ich das jetzt am besten? Wie bringe ich es an den Kunden?«

Egal, ob es sich dabei um Aloe-vera-Creme, irgendeine Kryptowährung oder was auch immer handelt, irgendwann kommt dem Menschen mit diesem neuen Produkt die Idee: »Vertreiben wir es doch via Network-Marketing! Damit sparen wir uns den Zwischenhändler, gehen direkt vom Hersteller zum Endkunden, und wer unser Produkt empfiehlt, bekommt eine Provision.« Das Ganze ist in der Tat ein gutes Geschäftsmodell, weil du keine fixen Kosten hast, sondern nur variable. Generieren deine Vertriebspartner Umsatz, verdienst du Geld. Machen sie keinen, hast du auch keine Kosten.

Jetzt aber siehst du überall in Social Media und diversen Foren, dass kein gutes Haar am Network-Marketing gelassen wird. Ganz vorn dran sind Verbraucherzentralen und Journalisten, die dieses Vertriebsmodell weder verstanden haben, noch in irgendeiner Weise dazu bereit sind, wirklich dahinterzublicken. Oftmals *wollen* sie das Ganze gar nicht verstehen, weil es halt einfacher ist, in die Negativ-Kerbe reinzuhauen, wie es ringsumher alle machen.

Die Story, die ich dahinter sehe, ist im Grunde immer die gleiche: Irgendjemand sprach irgendjemanden an und der sagte: »Das klingt gut, gefällt mir! Ich will finanziell unabhängig sein. Von zu Hause ohne viel Arbeit viel Geld verdienen? Geil, ich bin dabei!«

Kurze Erinnerung an gerade eben: Wer will Erfolg haben? Neun von zehn Leuten. Und was passiert? Von diesen neun tut ein Einziger etwas dafür, dass er auf diese Weise tatsächlich Geld verdient. Ein Einziger bildet sich weiter, wird aktiv, geht auf Kunden zu, überlegt sich Marketingstrategien. Die anderen acht machen nichts – aber nach ein paar Wochen oder Monaten schreiben sie in diversen Internetforen: »Ich war auch mal auf einer Veranstaltung von denen, aber das ist alles Mist! Die Produkte sind schlecht und zu teuer, außerdem verdient nur derjenige wirklich Geld, der über mir steht. Meine Führungskraft hat sich nicht richtig um mich gekümmert …« In dieser Art geht es immer weiter.

In Wirklichkeit jedoch sind das fast immer Ausreden von Menschen, die nicht dazu bereit sind, die Verantwortung für ihr Leben zu übernehmen. Leute, die gern träumen, die gerne mehr *hätten*, aber darüber nicht ins Handeln kommen. Stattdessen publizieren sie lieber im Internet irgendeine Ausredengeschichte. Wer von seiner Wesensart her Opfer ist, findet schnell den Zugang zu anderen Opfern, und diese bestätigen ihn in seiner Ausrede – darin besteht das wahre Problem!

Auch ich kenne derartige über mein Geschäftsmodell und mich fabulierte Geschichten zur Genüge. Und wie gehe ich damit um? Zuallererst sage ich mir: »Jede dieser Verunglimpfungen hat in erster Linie nichts mit mir zu tun. Schließlich kennen mich diese Leute ja gar nicht! Sie beurteilen einfach nur das Bild, das sie sich von mir gemacht haben – ob nun im Internet, in einer Fernsehsendung, *wherever*! Sie meinen damit nicht mich, den realen Menschen Dirk Kreuter, sondern den Erfolgsguru, den sie womöglich in mir sehen. *Den* meinen sie, und selbst von ihm und seiner Arbeit kennen sie, wenn überhaupt, lediglich einen minimalen Bruchteil.«

Eine in Social Media weitverbreitete Form negativer »Berichterstattung«, mit der ich mich als Personenmarke mit großer Sichtbarkeit auseinanderzusetzen habe, ist Hate. Auch das ist ein weites Feld, es gibt schließlich nicht *den* Hater an sich. Zum einen hast du hier Leute, die einfach nur beleidigen. Die posten dann auf Social-Media-Portalen Nachrichten wie: »Dirk, du bist ein Betrüger!« und weitaus schlimmere Anschuldigungen oder Beleidigungen, denen ich hier keinerlei Öffentlichkeit zur Verfügung stellen möchte.

Dann gibt es Leute, die sinngemäß sagen: »Das, das und das stimmt ja nicht!«, oder: »Was der Kreuter da gesagt hat, funktioniert doch gar nicht, das ist gelogen!«

Diese Leute haben sich zumeist überhaupt nicht mit der jeweiligen Thematik beschäftigt. Da ist ganz viel Meinung und ganz wenig Wissen im Spiel, aber jetzt kommt das Wichtige: Wenn du keine Hater hast, ist das ein sicheres Indiz dafür, dass deine Positionierung nicht hinhaut. Wirst du nicht auf diese Art angegriffen, bedeutet das zuerst einmal: Du stehst nicht klar für und nicht klar gegen etwas.

Hast du dagegen haufenweise Hater am Start, weißt du: »Wow, meine Positionierung passt!« Anderenfalls würden dich all diese Leute ja gar nicht sehen – und du motivierst sie durch deine Sichtbarkeit ja sogar noch, mit dir in die Kommunikation einzusteigen, sprich, dich anzugreifen und auf welchem Niveau auch immer zu diffamieren. Wenn du *das* nicht hast, hast du beruflich etwas falsch gemacht. Ob Unternehmer, Selbstständiger, Experte – für jemanden, der in die Sichtbarkeit kommen will, hast du ohne Hater etwas falsch gemacht.

Aus diesem Grunde rate ich Menschen, die sehr sensibel sind, ausdrücklich davon ab, in die Sichtbarkeit zu gehen. Jede Form von Hate kann Menschen depressiv machen, ja, emotional zerstören. Menschen nämlich, die das irgendwann annehmen und *glauben*, was sie dort über sich lesen oder hören. Viele Menschen brauchen vor allem Harmonie, Freunde und Freundlichkeit, Positivität – sobald du jedoch ins grelle Scheinwerferlicht der Sichtbarkeit trittst und dich auf Social-Media-Kanälen als Unternehmer, Experte oder was auch immer positionierst, ist es schlagartig vorbei mit Harmonie und Freundlichkeit.

Ein Glaubenssatz, der mir hierbei enorm hilft, lautet: Wir alle leben unter dem gleichen Himmel, aber wir haben nicht alle den gleichen Horizont. Überall gibt es Menschen, die dich nicht verstehen. Entscheidend ist jedoch nicht, was die Leute zu dir sagen oder über dich behaupten. Entscheidend ist zuallererst, was *du* zu dir und über dich selbst sagst, nachdem du die Aussagen dieser Leute gelesen oder gehört hast. Dieser Satz ist elementar!

Hate hat für mich prinzipiell nichts mit Kritik zu tun. Die nämlich beinhaltet in der Regel etwas Sachliches, worauf ich dann auch sachlich reagieren kann. Jedwede Kritik, so hart sie sein mag, beinhaltet stets einen wahren Kern, mit dem du etwas anfangen kannst. Kritik kann ich annehmen und auch ein Feedback dazu geben. Sie wird von mir weder gelöscht, noch blockiere ich denjenigen, der sie übt, auf meinen Kanälen.

Gänzlich anders verfahre ich mit jedweder Form von Hate, wobei ich an dieser Stelle noch einmal wiederhole: Jeder, der eine Baustelle mit Hatern hat, bekommt dadurch zuallererst die Bestätigung, dass er klar für etwas und klar gegen etwas steht. Er bekommt bestätigt, dass er in der Sichtbarkeit steht, und wenn ihn das in irgendeiner Weise berührt, sollte er zuerst einmal genau auf sich selbst blicken. Denn dann heißt seine Baustelle nicht Hate, sondern Selbstbewusstsein und Selbstvertrauen. Besitzt du beides in ausreichendem Maße, perlt Hate an dir ab wie Wasser an einer teflonbeschichteten Pfanne.

Ich greife gern auf Referenzbeispiele zurück, und als bestes Referenzbeispiel erscheint mir an dieser Stelle Donald Trump. Ich sehe ihn als eine spannende Persönlichkeit, die in ihrem bisherigen Leben eine Menge erreicht hat. Als er Präsident der Vereinigten Staaten von Amerika war, verlor man in Deutschland wie anderswo nicht ein einziges gutes Wort über ihn. Ich dachte mir dann immer: »Was muss dieser Mann für ein dickes Fell haben, dass er so viel negative Berichterstattung wegsteckt?« Nicht nur er persönlich, auch seine Frau, selbst seine Kinder wurden schamlos mit reingezogen. Damit wurde eine Grenze überschritten, die man normalerweise niemals überschreiten sollte.

In dem Moment, wenn meine Kinder oder andere Menschen, die mir wichtig sind, mit reingezogen werden, sage ich klipp und klar: »Hier und jetzt gehen die Leute echt zu weit!« Dann sage ich mir jedoch zum Zweiten: »Denk daran, wie viel Hate ein Donald Trump abbekommt – und jetzt sieh mal, wie viel sie dir hier ›gönnen‹. Los, Dirk, sei jetzt kein Sensibelchen und mach Mimimi, sondern hau rein! Das ist einfach nur eine Bestätigung!«

Wie aber gehe ich nun konkret mit auf meinen Kanälen hinterlassenen Hate-Kommentaren um? Hierbei lasse ich mich von einer Weisheit leiten, die ich von meinem Freund und Kollegen Calvin Hollywood übernommen habe. Calvin beschrieb das Ganze in etwa so: Du öffnest die Tür zu deinem Haus und lädst wildfremde Leute ein, dich zu besuchen. Die einen, die da kommen, zeigen offen ihr Gesicht, andere haben sich womöglich einen Netzstrumpf über den Kopf gezogen, damit man sie nicht erkennt. Wie auch immer sie daherkommen, du bist offen und sagst: »Hey, tretet ein, willkommen bei mir zu Hause!«

Nun also schauen all die Leute in deine Räume. Alles gut, aber plötzlich betritt da einer dein Wohnzimmer, lässt mitten im Raum die Hose runter und setzt einen dicken, stinkenden Haufen direkt auf deinen Teppich. Was reagierst du jetzt? Gehst du zu ihm und sagst: »Hey, ich find's trotzdem toll, dass du zu mir gekommen bist. Und deinen Haufen da lassen wir mal schön liegen. Ich weiß, der stinkt und schreckt andere ab, aber komm – ich hab dich eingeladen, und dass du mir diesen Haufen hinterlässt, ist halt dein Feedback auf meine Einladung.«

Würden wir im wahren Leben derart reagieren? Nein, natürlich nicht. Und was würden wir stattdessen tun? Wir würden diesen Haufen schleunigst entfernen. Einfach, weil er stinkt, unser Zuhause verpestet – und weil er andere Gäste, die wir ebenfalls eingeladen haben, total abschreckt. Wir machen den Haufen weg und erteilen diesem Typen auf der Stelle Hausverbot. Wir sagen ihm: »Hey, du benimmst dich nicht, hast offenbar keine gute Kinderstube genossen. Hau ab, du hast hier nichts mehr zu suchen! Für dich mache ich die Tür zu, du kommst hier nicht mehr rein. Verschwinde!«

Genauso funktioniert heute Social Media: Wir öffnen unser Haus und geben Einblicke in unser Leben, ob nun auf Instagram, Facebook, YouTube, TikTok, in Blogs, Podcasts oder wo auch immer. Und jetzt gibt es Leute, die dir einen metaphorischen Haufen hinterlassen. Wie verfahre ich also mit denen? Natürlich entferne ich den Unrat, lösche also ihre Kommentare. Und selbstverständlich bekommen diese Störenfriede Hausverbot – was nichts anderes heißt, als dass ich sie blockiere.

Und fragt nun jemand: »Wieso wird hier gelöscht, wieso wird hier blockiert?«, erwidere ich frei von der Leber weg: »Ganz einfach, weil diese Leute sich nicht benehmen und ich das Hausrecht habe. Das ist *mein* Haus, *mein* Content!«

Natürlich kann man den ganz oder teilweise auf privat stellen, dann ist es nicht mehr öffentlich. Ich aber stelle bewusst vieles auf öffentlich, ermögliche damit jedem den Zugang zu meinen Angeboten – und bestimme klar und deutlich, was ich lösche und was ich zulasse. Das ist extrem wichtig!

Bleiben wir ruhig noch ein wenig in diesem Bild und stellen uns vor: Du hast Freunde zu Gast, die in deinem Wohnzimmer sitzen, und jetzt kommen fremde Leute herein und beleidigen deine Freunde. Du sitzt dabei. Und was machst du? Im wahren Leben würdest du diese Leute darauf hinweisen, dass das nicht in Ordnung ist. Du würdest sie rauswerfen und nicht wieder einladen. Schließlich lassen wir unsere Freunde doch nicht von irgendwelchen Leuten beleidigen!

Mache ich mit wem auch immer ein Interview, das anschließend auf einem meiner Kanäle zu sehen ist, und jemand beleidigt meinen Interviewpartner in einem Kommentar, schmeiße ich diesen und die Person, die ihn von sich gab, selbstverständlich raus.

Noch mal: Ich unterscheide hier ganz klar zwischen Hate und Kritik. Handelt es sich um letztere, kann ich wunderbar damit leben und lasse das auch stehen. Wettert jedoch jemand: »Das ist ein Arschloch und Betrüger, der lügt doch!«, diskutiere ich nicht mit ihm. Er beleidigt *meinen* Gast in *meinem* Video. Was mache ich, wenn sich jemand nicht ordentlich zu benehmen weiß? Ich lösche den Kommentar und blockiere den Pöbler umgehend.

Gibt es einen konkreten Anlass dafür, dass die Leute anfangen, dich zu haten, hat das durchaus auch sein Gutes. Dass dem so ist, weiß ich unter anderem von Tai Lopez, einem erfolgreichen Onlinemarketer aus den USA. In einer Insta-Story hatte er gepostet, wie er in einem Restaurant einen Verzehr-Beleg von

400 Dollar mit 1.000 Dollar Trinkgeld beglich. Erinnere ich mich richtig, hatte er das Ganze nicht einmal kommentiert, sondern einfach nur abgefilmt und gepostet. Daraufhin bekam er sehr viel Hate, und Tai verriet mir: »Das war super! So was mache ich regelmäßig und räume auf diese Art mein Netzwerk auf. Ich schaue, wer jetzt anfängt zu haten – und kann sie alle bequem rausfiltern.«

Für mich gibt es sogar noch einen wirtschaftlichen Grund, in meinen Kanälen aktive Hater zu blockieren. Schließlich geben wir eine Menge Geld für Onlinemarketing aus. Via Pay-per-Click definieren wir unsere Zielgruppe, und wenn der Algorithmus sagt: »Max Muster gehört genau zu dieser Zielgruppe«, bekommt er unsere Werbung zugespielt. Ist besagter Max Muster nun ein Hater, muss ich auch noch dafür bezahlen, dass er draufklickt, um seinen hauseigenen Bullshit zu verbreiten. Also blockiere ich Typen wie ihn und spare mir Werbegeld, weil er meine Werbung zukünftig nicht mehr bekommt.

Mein Fazit: Hater geben dir die Bestätigung, dass du sichtbar bist, dass du polarisierst und gut positioniert bist, aber sie meinen dich niemals persönlich. Hater meinen immer nur das Bild, das sie sich von dir gemacht haben, also schmeiß sie raus und geh weiter deinen Weg. Ihre bloße Existenz verrät dir, dass du erfolgreich, weil du sichtbar bist.

Lass die Welt wissen, dass du da bist

Als ich 2016 mit Social Media in die Vollen ging, dachte ich zunächst: Nach ein, zwei Jahren habe ich nichts mehr zu erzählen, dann ist alles gesagt. Das allerdings war eine völlig falsche Annahme, wie mir mittlerweile klar ist. Wenn ich mir ansehe, wie die Menschen auf meine Beiträge reagieren, und mir ihre Kommentare durchlese, bekomme ich tagtäglich neue Vorlagen, um jede Menge Content zu produzieren.

Es kommt darauf an, welcher Art diese Kommentare sind. Dementsprechend überlege ich mir, ob ich dazu öffentlich etwas sagen will. Denn mir ist bewusst: Wenn jemand dieses oder jenes hinschreibt, haben das Gleiche vor ihm bereits 30 andere gedacht – aber es nicht hingeschrieben. Ich selbst bin jemand, der Social Media konsumiert, um in 99,9 Prozent aller Fälle keinen Kommentar zu hinterlassen. Stets wäge ich sorgfältig ab: Ist das etwas, was die Leute wirklich interessiert, oder triggert das im Grunde nur mich? Zahlt das Ganze am Ende auf meine Positionierung beziehungsweise auf die Wahrnehmung ein, die ich erreichen will?

Das ist die erste Frage, und beantworte ich sie mir mit einem Ja, kann es durchaus passieren, dass ich daraufhin etwas produziere. Im Fußball gibt es einen Lehrsatz, der besagt: Es wird nur derjenige angegriffen, der den Ball hat. Stehst du unbeteiligt im Mittelfeld herum, wird dich aller Wahrscheinlichkeit nach niemand attackieren. Die Gegenspieler greifen dich erst an, sobald du den Ball hast. Mit anderen Worten: Ich *bin* am Ball!

Aus meiner Erfahrung heraus von nunmehr über drei Jahrzehnten im Geschäft stelle ich zudem fest: Die meisten Menschen denken generell viel zu kurzfristig. Das Gros meiner Marktbegleiter, die ich bislang erlebt habe, ist entweder aus dem Spiel ausgestiegen oder rangiert längst unter ferner liefen. In meinen bislang 30 Jahren als Trainer habe ich jede Menge Berufskollegen kommen und gehen sehen. Heute befindet sich, wirtschaftlich gesehen, in Europa kein einziger mehr auf Augenhöhe mit mir.

Es gibt andere Trainer, die ebenfalls gute Umsätze einfahren. Einer, der einen wirklich tollen Job abliefert, erreicht gerade mal ein Viertel meines Umsatzes. Und Umsatz, um das noch einmal klarzustellen, ist das Feedback des Marktes. Seine Höhe hat am Ende auch nichts mit Ego zu tun, was in meinem Beruf natürlich ebenfalls eine große Rolle spielt.

Im Englischen gibt es einen Slogan, der heißt: »Money talks« Das Geld redet, das Geld beweist. Du kannst als Start-up felsenfest überzeugt davon sein, dass du die beste Geschäftsidee dieser Welt hast. Will dein Produkt keiner kaufen, hat der Markt entschieden: Das war wohl doch nicht die beste Geschäftsidee *ever*, denn *money talks*.

Am Ende zählen auch nicht die Clicks und Views in Social Media, denn die sind *for free*. Ein Click, ein Like, ein wohlwollender Kommentar kostet die Menschen nichts – etwas zu *kaufen* ist ein ganz anderes Feedback! Ob dein Geschäftsmodell also wirklich funktioniert, entscheidet einzig die Antwort auf die Frage: Kaufen die Leute etwas von dir?

2018 lernte ich auf einem Event in Dubai Just Sul kennen. Just Sul hat, glaube ich, um die sechs Millionen Follower auf Instagram und produziert wirklich witzige Sachen. Damals hatte er dreieinhalb Millionen Follower, und ich fragte ihn: »Kannst du davon leben?«

»Nein, das kann ich nicht«, erwiderte er. »Ich bin Bauingenieur und verlege Wasserleitungen in Afrika. Das ist mein Job, davon lebe ich. Das andere ist nur Hobby, mit der Perspektive, dass ich irgendwann mal davon leben kann.«

Da hat jemand dreieinhalb Millionen Follower und bekommt von seinen Fans mal 'nen Flug, mal eine Hotelübernachtung bezahlt, aber kein Cash! *Money talks* – offenbar war den Leuten das Ganze nicht mehr wert.

Wir hatten letztes Jahr einen Auftragseingang von 80 Millionen, *das* ist das Feedback des Marktes und beantwortet die Frage, für wie wertvoll er meine Dienstleistung erachtet. Und er erachtet sie für so wertvoll, dass er bereit ist, mir dafür 80 Millionen zu überweisen.

Nicht das Feedback in Social Media entscheidet darüber, was Qualität ist, weder die Likes und Kommentare noch jene Likes, die meine Kritiker auf ihren Social-Media-Kanälen vorzuweisen haben, sondern einzig die Antwort auf die Frage: Sind die Leute bereit, ihr Geld gegen meine Leistungen zu tauschen? Und das sieht dieses Jahr noch besser aus als letztes Jahr!

Von meinem Naturell her bin ich ein eher introvertierter Typ. Ich kann gut mit mir allein sein, ohne mich einsam zu fühlen, und mich hervorragend mit mir selbst beschäftigen. Mich nerven Leute, die das nicht können. Wenn ich früher in den Urlaub flog, musste ich meist für das Übergewicht meines Gepäcks zahlen, weil ich so viele Bücher dabeihatte. Für mich war es Frust pur, in den Urlaub zu fliegen und möglicherweise nichts Gutes zum Lesen zu haben. Ein gelungener Urlaubstag hieß für mich: Von morgens bis abends mit der richtigen Lektüre im Liegestuhl zu liegen. Meine Lektüre waren stets Fachbücher, Ratgeber, hin und wieder die Biografie eines erfolgreichen Menschen.

Apropos introvertiert, eines meiner Vorbilder ist Tom Peters. Als ich Mitte der 1990er anfing, mich mit ihm zu beschäftigen, galt er als der erste Business-Speaker überhaupt. Früher war er bei McKinsey Consultant, dann schrieb er einen Bestseller und hielt Vorträge. Grandios, grandios – nicht umsonst ist er mein Vorbild! Und dieser Tom Peters lebt zwei Stunden entfernt vom nächsten Flughafen, irgendwo in Vermont, USA. Er besitzt dort ein großes Haus und in seinem Garten steht dazu ein großes Gartenhaus. Das ist bis unters Dach gefüllt mit unglaublich vielen Büchern und Zeitschriften. Mitte der 1990er spielte das Internet noch nicht die alles entscheidende Rolle von heute, und Tom saß von morgens bis abends zwischen all seinen Büchern und Magazinen. Überall schrieb oder riss er Sachen heraus und war von riesigen Papierstapeln umgeben. Tom Peters schlief auch nur eine Stunde pro Nacht. Genetisch brauchte er nicht mehr – ein unfairer Vorteil! Er konnte doppelt so viel arbeiten wie jeder andere Mensch, das fand ich toll!

Der Mann lebte also weit weg von jeder Großstadt, und sein Gartenhaus war sein eigenes Reich. Auch seine Frau hatte dort nichts zu suchen – nur er, sein Hund und all sein Wissen. Hier erarbeitete er lauter neue Dinge und war Tag und Nacht kreativ. Das ist genau meins, so will ich mal leben: Ich habe all das Wissen um mich herum, bin allein, kann mich ungestört von einer

Sache in die nächste reinarbeiten und in der Zurückgezogenheit geile Dinge entwickeln, die ich dann mit anderen Menschen teile.

Wobei es für mich noch nie ein Problem dargestellt hat, auf die Bühne zu gehen. In der Schule in der 7. Klasse veranstalteten wir eine Modenschau, und ich agierte mit oben auf dem Laufsteg. Das war ganz witzig, meine erste Bühnenerfahrung.

Dass ich gern allein bin, merke ich auch, wenn ich mehrere Tage in Deutschland verbringe, um dort zu arbeiten. Komme ich anschließend nach Dubai zurück, will ich erst mal niemanden sehen. Meine Frau braucht dann gar nicht zu fragen, ob wir uns abends mit Freunden treffen wollen. »Nee«, erwidere ich darauf, »ich bin gerade mal satt, was Menschen angeht, jetzt brauche ich erst mal meine Ruhe!«

1999 veröffentlichte ich mein erstes Buch – auch das war im Grunde bereits dem Umstand geschuldet, eine klare Positionierung zu erreichen. Wirklich verstanden, warum sie und die Sichtbarkeit so immens wichtig sind, habe ich jedoch erst ab 2016, als ich mein Social-Media-Team aufbaute und wir ernsthaft Vollgas gaben.

Viele Jahre lang vertrat ich den Standpunkt: »Die Leute lernen bei mir Verkaufstechnik. Mindset mache ich nicht, daran muss jeder selbst arbeiten, ich bin schließlich kein Psychologe.«

Irgendwann begann ich, hier und da ein bisschen Mindset mit einzustreuen. Fragte man hinterher Seminarteilnehmer, was für sie bei der ganzen Veranstaltung am wichtigsten war, antworteten nahezu alle: »Das Mindset war wichtig!«

»Leute, Leute«, dachte ich da kopfschüttelnd, »die Techniken sind doch viel wichtiger als Mindset, aber gut.« Derart inspiriert, fing ich an, in meine klassischen Sachvorträge mehr und mehr Mindset-Inhalte einfließen zu lassen. Mittlerweile gibt es die Vertriebsoffensive seit 11 Jahren, doch beinhaltet sie inzwischen gerade mal noch 50 Prozent des einstigen Contents.

Heute spielen Entertainment und Show eine viel größere Rolle, weil die Menschen danach verlangen. Früher kamen die Teilnehmer wegen des Contents zur Vertriebsoffensive: acht Vorträge à 90 Minuten darüber, wie du noch erfolgreicher wirst. Heute kommen sie, weil da Dirk Kreuter steht.

»Name above title«, hatte einst Sylvester Stallone erkannt, warum die Massen in seine *Rocky*-Filme strömten. Heute sagen die Besucher meiner Veranstaltungen: »Der Kreuter könnte eigentlich aus dem Telefonbuch vorlesen, Hauptsache, wir sehen den Typen!«

Wo auch immer ich auftrete, spreche ich vor allem über meine Erfahrungen. Ich erzähle Geschichten aus meinem Leben – und über den Inhalt dieser Storys läuft der Wissenstransfer, gebe ich die von meinem Publikum gewünschten Handlungsempfehlungen. Warum soll ich es verschweigen? Die Menschen, die in meine Veranstaltungen strömen, lieben es!

Die Welt ist so, wie wir sie sehen, und auch eine Krise wie die gegenwärtige Inflation ist zuallererst eine Bewertungskrise. Viele Unternehmen in Deutschland laufen Gefahr, in Insolvenz zu gehen, das heißt, viele Mitarbeiter verlieren womöglich ihren Arbeitsplatz. Das alles sind zweifelsfrei Symptome einer Krise, die jedoch für mich die Chance birgt, jene Mitarbeiter zu bekommen, an die ich sonst nicht herankommen würde.

Aus dieser Sichtweise heraus empfehle ich jedem: Bewerte jede drohende Krise, jedweden vermeintlichen Misserfolg in der Art, in der ich dies gerade tat. Hierzu gebe ich dir einen aus meiner Erfahrung heraus immens wichtigen Denkansatz mit auf den Weg: Was ist das Gegenteil von Erfolg? Eine spannende Frage, denn sein Gegenteil ist nicht etwa Misserfolg. Der Misserfolg nämlich gehört zum Erfolg dazu. Er ist ein Teil des Erfolgs – und dessen Gegenteil heißt Nichtstun.

»Warum passiert ausgerechnet mir dieser Mist?«, fragen sich die meisten Menschen, wenn ihnen ein wie auch immer geartetes Unheil widerfährt. »Warum gerade mir, und warum gerade jetzt?«

Hierzu gibt es eine wunderbar passende Szene in dem Film *Das Streben nach Glück*. Der Protagonist, gespielt von Will Smith, kommt an einer Kirche vorbei, in der ein Gospelchor singt: »Lieber Gott, gib mir weniger Probleme!« Das aber ist Bullshit, denn die Probleme werden auf dieser Welt niemals weniger. Was du brauchst, ist die Fähigkeit, mit diesen Problemen richtig umzugehen. Es ergibt also keinen Sinn, den lieben Gott voller Selbstmitleid und Opfergehabe um weniger Probleme zu bitten. Stattdessen muss es heißen: »Lieber Gott, gib mir die Fähigkeiten, die ich brauche, um die vor mir stehenden Aufgaben zu bewältigen!«

Was auch immer dir widerfährt, ich sage: Das Universum – andere würden sagen: der liebe Gott – prüft dich gerade, ob du schon bereit bist für die nächste Stufe deiner Entwicklung. Bist du bereit für das, was danach kommt? Auch hierbei führe ich mir immer wieder vor Augen: Was für gewaltige Probleme hatte ein Donald Trump als US-amerikanischer Präsident zu bewältigen, und welche Problemchen harren hier meiner?

Nehmen wir an, mir kündigen drei Mitarbeiter. Verfalle ich darauf ins Mimimi? Das hilft weder mir noch sonst irgendwem weiter. Stattdessen richte ich meinen Blick nach oben und sage: »Dirk, schau dir die ganz großen Unternehmer an, mit welchen Problemen die sich herumschlagen müssen. Wie reagiert zum Beispiel der Chef der Lufthansa, wenn ihm die Pilotengewerkschaft mitteilt: ›Wir streiken jetzt einfach mal eine Woche lang!‹ *Das* sind Probleme, aber nicht, wenn bei dir drei Mitarbeiter gehen!«

Was dir in derartigen Situationen ebenfalls extrem hilft: Fokussiere dich darauf, was du schon alles geschafft hast und wo du noch hinwillst! Nimm dein Erfolgsjournal zur Hand und veranschauliche dir, was du in der letzten Zeit für tolle Sachen hinbekommen hast! Sieh doch: Du bist bereits ein Held, und egal was kommt, du gehst weiter deinen Weg!

Der nächste Schritt ist: Schreib deine Ziele auf! Welches sind deine mittel- und langfristigen Ziele? Führe sie dir vor Augen – und dann sagst du: »Okay, für diese Ziele bist du angetreten. Und jetzt reg dich nicht über den unwichtigen Mist auf, der dir hier gerade passiert, das ist doch nur ein Schlagloch auf der Straße deines Erfolgs. Du wirst einmal durchgeschüttelt, alles klar, aber bleib mit dem Fuß auf dem Gas!«

Ein Opfer wird nie gewinnen. Wenn du jammerst, schneidest du dir ins eigene Fleisch. Niemand will etwas mit jemandem zu tun haben, der immer nur lamentiert. Steh auf der Seite der Lösung, nicht auf der des Problems! Von daher lautet die einzig wichtige Frage: Was kann ich *jetzt* dafür tun, dass es weiter vorangeht?

Zu alledem brauchst du, auch das erwähnte ich bereits, das richtige Umfeld. Passiert dir irgendein Mist und du sprichst mit den richtigen Menschen darüber, sagen die zu dir: »Was willst du jetzt? Willst du, dass ich dich in den Arm nehme, soll ich dich mal drücken, oder was? Geht's dir noch gut? Sieh zu, dass du das selbst hinkriegst, geh da raus und los geht's!«

Also heißt es: Aufstehen, Mund abputzen, Krone richten und Attacke! Entscheide dich also für den Erfolg – womit wir einmal mehr mitten im nächsten Thema stehen.

Kapitel 9

Entscheidung Erfolg

Motivation? Entscheidend ist die Willenskraft!

Kein Erfolg kommt unmotiviert daher – ohne Motivation kein Erfolg! Meine Motivationsformel ist denkbar einfach. Erstens: Kläre dein Warum! Zweitens: Habe Ziele! Drittens: Verliebe dich in deine Ziele! Viertens: Sorge für ein Umfeld, das der Erfüllung deiner Ziele dienlich ist! Als fünfter Punkt kommt hinzu: Habe Erfolgsgewohnheiten!

Aus eigener Erfahrung weiß ich: Du wirst nur dann wirklich erfolgreich sein, wenn du dein ganz persönliches Warum gefunden und geklärt hast. Beispiel gefällig? Larry Ellison, Mitbegründer des US-amerikanischen Software-Konzerns Oracle Corporation, gehört zu den zwanzig reichsten Menschen auf diesem Planeten. Aber auch dieser Mann war nicht immer erfolgreich. Der Start geriet ihm sogar ausgesprochen holprig, und seine erste Frau verließ ihn der Legende nach mit den Worten: »Larry, du *bist* ein Versager, du *bleibst* ein Versager, und ich werde mein Leben nicht mit einem Versager verbringen!«

Das sagte seine erste von bislang vier Ehefrauen, und man sieht in seiner Biografie sehr, sehr schön: Danach veränderte sich sein Leben kolossal! Einfach, weil er sein Warum gefunden hatte, und das hieß: Dieser Frau und dem Rest der Welt werde ich zeigen, dass ich alles andere als ein Versager bin! Viele Menschen verändern nach einem Schlüsselerlebnis etwas in ihrem Leben.

Das kann eben auch eine Partnerschaft sein, die in die Brüche ging, was demjenigen emotional sehr wehtat.

Als zweites Beispiel fällt mir ein junger Mann ein, der bei uns in Bochum im Sales anfing. Seine Eltern kamen einst aus der Türkei nach Deutschland, er selbst wurde bereits hier geboren. Ich fragte ihn: »Warum willst du bei uns arbeiten?«

»Bei dir kann man viel Geld verdienen«, lautete seine Antwort. Aber das Geld an sich war ja nicht seine Motivation. Was also steckte dahinter? Ich ließ nicht locker, woraufhin er zunächst herumdruckste: »Ja, das Geld ..., und was ich dafür kaufen kann ...« Irgendwann jedoch rückte er heraus mit der Sprache: »Ich habe mehrere Geschwister, und mein Vater hat einfach alles für uns getan! Meine Eltern gönnen sich nie etwas, und mein Vater hat sich schon immer einen Mercedes gewünscht. Ich will einen nagelneuen Mercedes kaufen und ihn meinem Vater schenken.«

Sein Warum war also nicht das Geld, das er bei uns verdient. Hinter alledem steckte das Dankeschön an seinen Vater – ihn trieb der Wunsch nach Anerkennung als Sohn, der dem Vater etwas zurückgibt. Kurzum: Es ist zunächst einmal extrem wichtig, dass die Menschen ihr Warum finden. Hast du ein starkes Warum, reden wir nicht mehr über Motivation. Dann *hast* du deine Motivation – und los geht's! Du brauchst einfach ein starkes Warum.

Ich selbst habe gleich mehrere davon. 2016 sagte ich mir: Verkäufer haben in Deutschland ein total mieses Ansehen. Die meisten denken dabei an windige Versicherungsvertreter, schmierige Staubsaugerverkäufer im Haustürgeschäft, an Gebrauchtwagenhändler, die einen über den Tisch ziehen – welche Branche auch immer, Verkäufer hatten generell ein denkbar schlechtes Image. Also bestand mein Ansatz 2016 darin, zu sagen: Ich will in Deutschland das Thema Verkaufen aus der Schmuddelecke herausholen und ihm die Anerkennung und Aufmerksamkeit geben, die dem Verkaufen wirklich gebührt. Das war mein erster Schritt, hinter ihm stand mein erstes Warum.

Als Nächstes sah ich, wie viele Leute es nicht wirklich hinbekommen, sich selbst oder was auch immer zu verkaufen. Wie viele quälen sich extrem damit herum, machen sich selbst das Leben so umständlich und schwer, weil sie nicht wissen, wie es geht. Zur Verdeutlichung nehme ich gern das Beispiel mit der Fliege: Eine Fliege befindet sich in einem Wohnzimmer, will hinaus und stößt immer wieder gegen die Fensterscheibe. Sie verfährt auf diese Weise, weil sie in der Fliegenschule gelernt hat: »Da, wo Licht ist, kommst du raus!« So hat sie es gelernt – und fliegt nun unentwegt erfolglos gegen die Fensterscheibe.

Wir denken natürlich: Wie dumm ist diese Fliege? Schließlich steht drei Meter weiter die Balkontür offen. Die Fliege müsste also nur drei Meter weiter nach rechts fliegen – für sie das reinste Kinderspiel – und würde ein glückliches Restleben führen. Tut sie aber nicht, weil sie fest daran glaubt, was man ihr in der Fliegenschule eingetrichtert hat: »Da, wo Licht ist, da kommst du raus.« Niemand hatte ihr erzählt, dass es Glasscheiben gibt.

Jetzt könntest du natürlich zu ihr gehen und sagen: »He, Fliege, ich coache und motiviere dich, okay? Du musst es wirklich wollen, ins Freie zu fliegen, dein Warum klären und so weiter.« All das bringt die Fliege natürlich trotzdem nicht in die Freiheit. Sie muss einfach ein Stückchen weiter zurückfliegen, sich den Raum noch mal genau ansehen, um herauszufinden: Gibt's hier vielleicht noch andere Lichtquellen, andere Orte, an denen es hell ist? Oh, ein Stückchen weiter rechts ist es auch hell, teste ich einfach mal, ob ich dort rauskomme. So findet sie die offene Balkontür – und fliegt hinaus in die Freiheit.

Ich sah und sehe einfach ganz viele Menschen, denen ich helfen kann, weil sie von wem auch immer irgendwelche dummen Glaubenssätze eingetrichtert bekommen und ungefiltert übernommen haben – und sich dadurch das Leben extrem schwer machen. Daraus ergab sich für mich ein weiteres Warum: Ich fing einfach an, den Menschen zu zeigen, wo für sie eine Balkontür offensteht. Das klappt selbstverständlich nicht immer, aber in acht von zehn Fällen finde ich diese Balkontür – alles weitere gestaltet sich dann relativ einfach.

Es gibt so viele junge Leute, die geradezu verzweifeln und nicht ins Handeln kommen, weil sie ihr Warum nicht finden. Viele greifen dann zu Ausreden wie: »Ich habe mein Warum nicht gefunden, deshalb verzögere ich jetzt alle meine Handlungen.« Bullshit!

Mein ganz persönliches Warum zu finden, dafür brauchte ich sehr lange. Ich fand es mit Mitte 40, und es lautet: Ich fing in meinem Leben viele Dinge an und brachte sie nicht zu Ende. Du erinnerst dich an die ersten Kapitel dieses Buches? Mit 15, 16 Jahren war Windsurfen mein großer Traum. Ich wusste alles darüber, konnte alsbald eine Menge und wollte Surflehrer werden, zog das aber nicht durch. Es gab damals eine offizielle Ausbildung, die konntest du aber erst mit 18 beginnen. Eine andere Ausbildung, auch sie ging erst ab diesem Alter, kostete 10.000 Mark. Ich hatte weder das Geld, noch war ich 18. Schließlich gab ich auf, weil meine Eltern zu mir sagten: »Das ist kein richtiger Ausbildungsberuf, wir haben das Geld nicht, das ist doch alles nur Unsinn. Lern was Ordentliches!«

Das war Mist, Mist und noch mal Mist! Heute sage ich: Damals wusste ich es nicht besser. Hätte ich einen guten Mentor an meiner Seite gehabt, hätte ich es durchgezogen und meinen Traum in die Tat umgesetzt. Ich aber gab auf und beerdigte meinen Traum.

Mit 17 begann meine Triathlon-Zeit, und ich wollte in dieser Sportart Profi werden. Als ich mit 23 meine Ausbildung beendete und mein Arbeitgeber mir einen festen Job anbot, schüttelte ich den Kopf. Ich bin sehr gut, sagte ich mir, ich werde Triathlet! Zwei Jahre zuvor schnitt ich bei der Weltmeisterschaft als zehntbester Deutscher ab, im Gesamt-Klassement belegte ich Platz 60. Das Ganze mit 21 Jahren, und als Triathlet erreichst du deine maximale Leistungsfähigkeit im Alter von rund 30 Jahren. Mein Entschluss lautete: Ich werde Profi-Triathlet, das ziehe ich jetzt durch!

Und was passierte? Mein Sponsor musste seine Unterstützung einstellen, ich konnte mir das Ganze nicht mehr leisten – und wieder gab ich auf.

Als Nächstes kam der Verkaufstrainer, und ich wusste: *Das* ist genau meins. Bereits zweimal in meinem Leben hatte ich aufgegeben und den Umständen die Schuld dafür zugeschoben – das würde ich kein drittes Mal tun! Jetzt wollte ich das Ding unwiderruflich durchziehen und mal schauen, wie weit ich im Idealfall kommen würde. Ich fokussierte mich darauf, blieb diesmal wirklich dran. Du weißt so gut wie ich, was daraus entstanden ist.

So weit mein ganz persönliches Warum. Was ich damit sagen will: Egal, um was es sich am Ende und im konkreten Fall handelt – ist dein Warum nur stark genug, hast du fortan keinerlei Motivationsprobleme mehr und gehst unbeirrbar deinen Weg.

Der zweite wichtige Punkt sind Ziele. Wir Menschen funktionieren nicht ohne sie, und wir sind zu Großem fähig, wenn wir Ziele haben. Denk nur an die Zeit nach dem Zweiten Weltkrieg. Viele Menschen, die aus der Gefangenschaft im Osten zurückkehrten, gingen Tausende Kilometer zu Fuß, unter widrigsten Umständen – einfach nur, weil sie ein klares Ziel hatten. Sie wollten wieder nach Hause, zu ihren Familien, ihren Freunden, zurück ins Leben, und so ein Ziel setzt unheimlich viel Energie frei.

Mindestens ebenso wichtig ist: Du musst dich in deine Ziele verlieben. Gelingt dir das nicht, sind es nicht deine wirklichen Ziele. Dann sind es vielleicht die Ziele von anderen, jene der Gesellschaft, aber es müssen *deine* sein, und niemand anderes als *du* muss sich in sie verlieben!

Als Nächstes brauchst du, wie wir wissen, das richtige Umfeld. Ich schuf es mir vom Ort her, indem ich nach Dubai ging und daselbst in ein ganz besonderes Gebäude – den Burj Khalifa in Downtown. Die Menschen um mich herum – meine Mitarbeiter, meine Freunde, meine Familie – bilden ein Umfeld, das dafür sorgt, dass ich niemals demotiviert bin. Alle um mich herum *machen* etwas Tolles, statt nur davon zu träumen. Komme ich von einem Frühstück beziehungsweise Abendessen mit Freunden oder Bekannten nach Hause zurück, setze ich mich häufig an mein Journal und schreib mir meine Gedanken auf, die mir während dieses Meetings kamen. Auch das ist Ausdruck eines hochgradig inspirierenden Umfelds!

So weit meine Formel für Motivation. An dieser Stelle angelangt, müssen wir jedoch unbedingt unterscheiden zwischen Motivation und Willenskraft. Viele sagen: »Ich bin nicht motiviert genug«, aber das ist bestenfalls die halbe Wahrheit. Denn die Steigerung von Motivation heißt Willenskraft. Willst du es? Willst du es verdammt noch mal wirklich und mit aller Kraft?

Es gibt dazu eine Story des US-amerikanischen Motivationsredners Eric Thomas: Ein junger Mann kommt zu seinem Guru und sagt: »Ich will Erfolg haben. Zeig mir, wie ich Erfolg haben kann!«

»Alles klar«, sagt der Guru, »wir treffen uns morgen früh um 4 Uhr am Strand.«

Der junge Mann erscheint pünktlich in der Dunkelheit am Strand. Er trägt einen Anzug mit Krawatte, denn es geht ja schließlich um Erfolg. Sein Guru erwartet ihn bereits und sagt: »Alles klar, geh ins Wasser.«

»Hey, ich möchte hier nicht schwimmen lernen«, protestiert der Jüngling, »ich will wissen, wie man Erfolg hat!«

»Geh ins Wasser!«, beharrt der Guru.

Der junge Mann geht also ins Meer, bis ihm das Wasser zur Hüfte reicht.

»Das reicht nicht!«, ruft der Guru, »geh weiter!«

Er tut dies, das Wasser steht ihm inzwischen bis zum Mund, Oberkante Unterlippe. Der Guru kommt, packt den Jungen und drückt ihn unter Wasser – gerade so, als wolle er ihn ertränken. Der Typ zappelt wild herum, wehrt sich nach Leibeskräften, aber der Guru ist stärker. Schließlich zieht er ihn wieder hoch, sein Schützling schnappt nach Luft. »Was soll das, willst du mich ertränken?«, japst er, nachdem er sich ein wenig berappelt hat.

»Nein«, erwidert der Guru, »das ist ein Beispiel, eine Metapher. Als du unter Wasser gedrückt wurdest, was wolltest du am meisten?«

»Atmen, ich wollte Luft haben, wollte atmen!«

»Genau! Da war kein anderer Gedanke mehr in deinem Kopf, außer diesem einen: Du wolltest einfach *nur* atmen. Du schertest dich weder um die Wassertemperatur noch um die Wellen oder darum, dass es noch dunkel ist, null! Du hattest nur diesen einen Gedanken, nämlich: Luft, ich brauche Luft!«

Der Guru sah ihm in die Augen und fuhr fort: »Wenn du den Erfolg so sehr willst, wie du gerade eben nach Luft verlangtest, *dann* wirst du erfolgreich. Du aber lässt dich ablenken. Deine Freunde rufen an: ›Gehst du mit aus?‹, fragen sie und du gehst mit ihnen aus. Du kommst am Fernseher vorbei, schaltest ihn ein, nimmst dein Handy, um dir irgendwelche TikTok-Videos anzusehen, lässt dich von was auch immer ablenken. Du wirst nie erfolgreich, solange du es nicht unbedingt willst und dich darauf fokussierst.«

Das ist der Unterschied zwischen Motivation und Willenskraft. Der Motivierte geht zwar auch ins Wasser, aber er lässt sich vielleicht nicht unter Wasser drücken. Oder er sagt gar: »Das Wasser ist mir zu kalt, meine Haare werden nass, ich ruiniere meine Frisur!« Willenskraft aber bedeutet, es wirklich und unter allen Bedingungen durchzuziehen und den Erfolg allem anderen unterzuordnen.

Wir redeten hier viel über Motivation, aber in Wirklichkeit dreht sich dieses Kapitel um Willenskraft. »Wie sehr willst du es wirklich?«, lautet die alles entscheidende Frage, und nicht: »Bist du auch motiviert genug?« Motiviert bin ich, wenn ich morgens ins Gym gehe und meine Übungen absolviere. Wie aber sieht es aus, wenn plötzlich Widerstände auftauchen, es mal nicht rund läuft? Bin ich noch müde, fühle ich mich ein wenig unwohl, außerdem ist da ja noch dieser und jener Termin. Was ist dann? Dein Training dennoch durchzuziehen, funktioniert nicht ohne Willenskraft. Erfolgreiche tun halt Dinge, die Durchschnittsmenschen nicht tun.

Ich flog im Dezember mit dem Nachtflug von Deutschland nach Dubai und schlief dabei nur drei Stunden. Schlaf ist meine wichtigste Droge, ich brauche ihn mehr als fast alles andere auf der Welt. Nur drei Stunden Schlaf, das geht bei mir gar nicht! Ich landete in Dubai, ging nach Hause, frühstückte, zog mich um – und fuhr anschließend ins Office, wo wir an diesem Tag ein Webinar machten. Ich war völlig fertig und erlebte etwas, was mir niemals zuvor, nicht mal beim Autofahren passiert war: Mitten im Webinar überkam mich zweimal der Sekundenschlaf. Nur wenige Sekunden, das merkte wirklich niemand außer mir. »Wo bin ich, und was mache ich hier?«, durchfuhr es mich, als ich wieder zu mir kam. Das war eine extrem spannende Erfahrung!

»Wow«, dachte ich da nur, »der Durchschnittsmensch würde das niemals machen, sondern sagen: ›Komm, wir lassen es.‹ Er würde den Termin absagen oder nach einer Stunde verkünden: ›Es reicht, ich kann nicht mehr.‹«

Willenskraft aber bewirkt, hier stattdessen zu sagen: »Das Team hat alles vorbereitet, wir haben viel Geld für Werbung ausgegeben, um dieses Webinar zu füllen, mehrere Tausend Menschen haben sich angemeldet, um zu erleben, was ich zu erzählen habe – und jetzt *liefere* ich, egal, wie die Umstände sind und wie es mir geht. Ich liefere einfach, und dazu bringt mich nicht einfach nur Motivation, sondern deren nächste Stufe: pure Willenskraft!«

Scanne den QR-Code, um aktuelle Einzelheiten zu erfahren.

Die Kraft der guten Gewohnheiten

Motivation lässt uns starten, aber erst Gewohnheiten sorgen dafür, dass wir wirklich erfolgreich werden und auch bleiben. Deshalb ist es so wichtig, dass wir uns *gute* Gewohnheiten anerziehen. Schlechte Gewohnheiten haben die Leute automatisch, aber wir brauchen gute Gewohnheiten, die auf den Erfolg einzahlen, so zum Beispiel die Morgenroutine. Die meisten Menschen nämlich verlieren die Kontrolle über ihr Leben in den ersten zehn Minuten des Tages.

»Wieso das denn? Wie meinst du das?«, fragst du jetzt womöglich. Die Antwort ist simpel: Was machen denn die meisten, wenn sie ihren Tag beginnen? Sie werden wach, stehen auf, machen Pipi – und gehen spätestens dann zu ihrem Handy. Sie holen es aus dem Flugmodus und sehen nach: Was gibt's Neues? Welche Anrufe habe ich bekommen, welche Nachrichten, welche Reaktionen in Social Media, was haben andere dort getrieben, und so weiter.

Ab diesem Augenblick stecken sie in dieser Social-Media-Falle und starten mit einem Reagieren-Programm. Sie reagieren auf diese Nachrichten, auf das, was da passiert ist – und verlieren damit augenblicklich die Kontrolle über ihr Leben.

Als du aufwachtest, hättest du ebenso gut aufstehen und erst mal ein, zwei Stunden an deinen Zielen arbeiten können. Du hättest produktiv werden können – aber nein, das machst du nicht. Du stehst auf, und deine komplett abwesende Willenskraft sorgt dafür, dass du als Erstes das Handy nimmst – und reagierst. Auch deine Stimmung passt sich dem an, was da auf dich einstürmt. Bekommst du Kritik oder schlechte Nachrichten, ist deine Laune für diesen Tag schon mal im Eimer.

Die hier von mir geschilderte Gewohnheit erweist sich in keiner Weise als zielführend. Eine weitaus bessere Gewohnheit wäre zum Beispiel: Aufstehen, Pipi machen – und gleich erst mal 100 Liegestütze. Danach trinkst du einen Liter lauwarmes Wasser mit Zitronensaft, liest in einem Buch, schreibst deine Ziele auf. Oder du schaust dir an, welche wichtigen Aufgaben du heute erfüllen musst – und fängst umgehend damit an. *So* nutzt du die ersten Minuten des Tages, in denen dir deine volle Energie zur Verfügung steht, auf optimale Weise.

Das nämlich macht den grundliegenden Unterschied aus: Erfolgreiche agieren, Durchschnittsmenschen reagieren – und werden allein schon deshalb nicht erfolgreich, weil sie schlechte Angewohnheiten haben. Weil sie abends die Folge einer Netflix-Serie gut finden und dann denken: »Da kommt ja noch eine! Ah, und noch eine, noch eine.« Am Ende schlafen sie erst zwei Stunden oder mehr *nach* ihrer optimalen Einschlafzeit ein – und wundern sich am nächsten Tag, dass sie nicht konzentriert bei der Sache und voller Energie sind. Der Grund dafür ist einfach der, dass sie nicht die Selbstdisziplin aufgebracht haben, rechtzeitig Netflix abzuschalten.

Aber kehren wir zum Morgen und zu mir zurück. Meine Morgenroutine fällt sehr unterschiedlich aus, je nachdem, was für ein Tag auf mich wartet. Ist es ein Seminartag, sieht sie ganz anders aus als zum Beispiel an einem Reise- oder einem ganz normalen Bürotag in Dubai. Also, es gibt bei mir nicht *die eine* Morgenroutine, wohl aber achte ich hier auf bestimmte Dinge. Nach dem Aufstehen trinke ich zum Beispiel grünen Tee oder Wasser, aber kein kaltes, sondern etwa einen halben bis einen Liter lauwarmes Wasser. Dazu nehme ich gleich schon mal ein paar Supplements.

Anschließend schreibe ich – nicht jeden Morgen, aber doch sehr häufig – meine Ziele auf. Das sind am Ende anderthalb bis zwei DIN-A4-Seiten voller Dinge, die ich erleben will, Menschen, die ich zu treffen gedenke, und dergleichen mehr. Kurzum: Was will ich erreichen in meinem Leben? Hier geht es ausschließlich um meine mittel- und langfristigen Ziele. All das Kleinteilige habe ich bereits am Vortag organisiert, beziehungsweise das organisiert meine Assistentin, darum muss ich mich nicht kümmern. Wenn ich aufstehe, weiß ich längst, was an diesem Tag Sache ist.

In Dubai stehe ich normalerweise zwischen 6 und 7 Uhr auf. Eine Weile habe ich es ausprobiert, zwischen 5 und 6 Uhr oder noch früher aufzustehen, das funktioniert jedoch bei mir nicht. Mein Biorhythmus diktiert mir dann: »Okay, ich stehe um 5 Uhr auf, hab also eine Stunde mehr zur Verfügung als sonst.«

Das ist super, aber spätestens um 14 oder 15 Uhr sagt mein Biorhythmus: »Feierabend! Jetzt ist's genug!« Noch schlimmer war es, wenn ich um 5 Uhr aufstand und dann auch noch Mittag aß! Dann nämlich bin ich bereits nach besagter Mahlzeit fertig für diesen Tag.

Zu Bett gehe ich zwischen 22 und 23 Uhr. In jedem Fall brauche ich genug Schlaf, das gehört ebenfalls zu meinen Ritualen.

Steht ein Reisetag an, sieht das komplett anders aus. Reisetage laufen bei mir immer gleich ab. Da geht der Wecker um 5:30 Uhr, gefolgt vom immer gleichen Prozedere. Aufstehen und um 6 Uhr kommt der Chauffeur von Emirates Airlines. Dann zum Terminal 3 bei Emirates zum First-Class-Schalter. Einchecken, Sicherheitskontrolle, Passkontrolle und ab in die Lounge, wo ich frühstücke. Dann in den Flieger, Handy aus und an die Arbeit auf meinen Papiermanuskripten. Hier bin ich wahnsinnig produktiv über die sechs, sieben Stunden Flugzeit hinweg. Ich arbeite meistens die ganze Zeit durch. Angekommen in Europa holt mich wieder die Emirates-Limousine ab und bringt mich zu meinem Zielort und meinen anstehenden Meetings. Ich nehme immer die Frühmaschine und bin am ersten Tag in Deutschland tatsächlich auch schon um 21 Uhr im Bett. Ich reise ja viel, mindestens zweimal im Monat.

Halte ich ein Seminar, gestaltet sich das Morgenritual auch wieder anders. In der Regel stehe ich relativ früh auf, mache Sport und danach ein ausgiebiges Frühstück. Dann gehe ich den Ablauf des Tages noch mal im Detail durch. Danach unter die Dusche und ab in den Anzug, also in meine Arbeitsuniform.

Ich begrüße das Team vor Ort und meine Eventassistentin, mit der ich den Ablauf des Tages durchspreche. Daniel, der die Regie führt, bespricht mit mir die Folien, die Inhalte, die benötigten Medien und den Tag. Wenn das Hotel von der Eventlocation entfernt ist, holt mich der Personenschützer Achmet ab. Er weicht den ganzen Tag nicht von meiner Seite. Er ist bei den Großveranstaltungen immer dabei und schützt mich vor zu viel Kontaktaufnahmen der Teilnehmer und Selfie-Wünschen. Wenn ich all diesen Wünschen entsprechen würde, käme ich niemals mit dem Ablauf durch. Ich muss hier erst mal in Ruhe gelassen werden. Am Abend dann vor der Fotowand gerne. Da nehme ich mir für jeden Zeit.

Normalerweise treibe ich morgens Sport – auch weil es mir zu aufwendig ist, zweimal am Tag zu duschen. Stehe ich nach einem langen Arbeitstag vor der Wahl: Gehe ich jetzt eine Stunde ins Gym, oder mache ich etwas, das auf meine Ziele einzahlt, ist es oft so, dass ich nicht das Gym aufsuche, sondern mich um ein anstehendes Projekt kümmere. Ich bin halt echt verliebt in meine Ziele, weshalb ich dabei oft kein Ende finde. Auch deshalb treibe ich lieber in der Frühe Sport. Ob ich paddeln gehe oder ins Gym, ich mache es morgens, danach heißt es: Ab in den Tag!

Motivierte nicht demotivieren – das ist der Schlüssel

Will ich meine Ziele erreichen, brauche ich dazu die Hilfe von anderen. Gemeinsam mit ihnen geht das in der Regel schneller, und bei diesen anderen handelt es sich bei mir zumeist um Mitarbeiter. Das allerwichtigste Learning meiner jahrzehntelangen Erfahrung lautet in diesem Fall: Du kannst deine Mitarbeiter nicht motivieren. Du kannst lediglich dafür sorgen, dass sie nicht demotiviert sind. Das heißt im Umkehrschluss: Achte bei der Auswahl deiner Mitarbeiter konsequent darauf, dass du die richtigen erwählst und in dein Team aufnimmst. Diejenigen nämlich, die in deine Kultur passen, die fachlich etwas draufhaben, die hungrig sind und etwas *wollen* – also von Hause aus motiviert sind.

Fragt mich also ein Kunde: »Dirk, meine Mitarbeiter sind gegenüber dem Kunden nicht freundlich, was kann ich machen?«, bleibt mir darauf nur eine Erwiderung: »Stell freundliche Mitarbeiter ein!«

Klagt mir einer: »Meine Mitarbeiter sind nicht motiviert«, sage ich ihm: »Ganz einfach, stell motivierte Mitarbeiter ein, und hör auf, andere Leute motivieren zu wollen!«

Prinzipiell gibt es zwei Arten der Motivation, nämlich die intrinsische und die extrinsische. Für den Laien erklärt: Du hast einen Jagdhund und gehst mit dem an den Waldrand. Was passiert? Der Jagdhund nimmt Witterung auf und zieht derart an der Leine, dass du dich mit beiden Füßen dagegenstemmen musst, damit er dich nicht quer durch den Wald zieht. Witterung aufzunehmen, bedeutet für einen Jagdhund: »Irgendwas ist da im Unterholz, ich will da rein und jagen!« Du machst ihn los, und er läuft mit einem Affenzahn in den Wald hinein. Nach ein paar Minuten kommt er wieder raus und hat irgendwas in seinem Maul.

So funktioniert intrinsische Motivation. Das heißt, du musst demjenigen keinerlei Reiz bieten, sondern ihn einfach nur an die richtige Stelle führen. In ihm wohnt ein Trieb, der in diesem Fall heißt: Jagen! Einen solchen Hund musst du hierfür in keiner Weise motivieren.

Und jetzt die andere Variante: Du gehst mit einem anderen Hund, diesmal mit einem Pudel, an besagten Waldrand. Wir haben die komplett gleiche Situation: Es raschelt etwas im Gebüsch – der Hund hat Angst. Er bleibt bei dir, schmiegt sich an dein Bein, will partout nicht in diesen Wald hinein. Jetzt gehst du und holst Hundeschokolade, gibst ihm zwei Stücke davon und sagst: »Ich habe hier noch zwei Stück. Wenn du da reinläufst und mir was rausholst aus dem Wald, *dann* kriegst du sie!«

Du bietest ihm also einen Anreiz dafür, das von dir Gewünschte zu tun. Das wäre extrinsische Motivation, ob das Ganze am Ende funktioniert, ist eine andere Geschichte. Zwischen ihr und der intrinsischen Variante besteht in jedem Fall ein entscheidender Unterschied.

Viele Organisationen arbeiten an dem Thema: Wie kann ich den Reiz befeuern, sprich, die Leute motivieren? Auch ich will natürlich, dass es meinen Mitarbeitern gut geht. So biete ich ihnen beispielsweise eine Red-Bull-Flatrate, dazu haben wir die modernsten und schönsten Büroräumlichkeiten im Ruhrgebiet, die beste Infrastruktur und ein faires Entlohnungsmodell. All das dient jedoch im Grunde nur dazu, meine von Haus aus bestens motivierten Mitarbeiter nicht zu demotivieren.

Und was tue ich persönlich dazu, dies zu erreichen? Ganz einfach: Ich höre meinen Mitarbeitern zu, nehme mir bewusst Zeit für sie, interessiere mich aufrichtig für ihre Wünsche und Bedürfnisse. Dass wir uns richtig verstehen: Ein Unternehmen ist nicht dazu gedacht, Menschen glücklich zu machen. Glücklich machen muss sich jeder von uns selbst. Glück kommt von innen, ist eine Entscheidung, ein Mindset.

Davon abgesehen möchte ich einfach, dass es in meinem Umfeld allen gut geht. Ein wichtiger Baustein dazu lautet Anerkennung. Haben wir beispielsweise eine Weiterbildung in den USA, sagen wir zu den zehn besten Mitstreitern aus unserem Team: »Du darfst mitfliegen auf diese Konferenz, wir zahlen alles!«

Nun muss es nicht immer ein Event in Übersee sein. Ganz wenige ausgewählte Mitarbeiter dürfen zum Beispiel zum Jetstream-Meeting nach Dubai mitkommen. Aber auch das mache ich nicht etwa, um meine Mitarbeiter zu motivieren, sondern um ihnen Anerkennung zu geben für ihre Leistungen. Die Motivation jedoch muss von innen und von allein kommen.

Eine Karriereperspektive zu bieten, ist für die Menschen nicht nur heutzutage immens wichtig. Der renommierte österreichische Neurologe Viktor Frankl, ein Überlebender des Holocausts, schrieb in einem Buch sinngemäß: Das Wichtigste für die Menschen beim Überleben des Holocausts war, dass sie ein Ziel, eine Perspektive vor Augen hatten.

Wir zeigen unseren Mitarbeitern Karriereoptionen auf, lassen sie wissen: »Du kannst in zwei Jahren hier, in vier Jahren da, in zehn Jahren dort sein.« Außerdem haben sie die Beispiele anderer Kollegen vor Augen. Mitarbeiter, die besonders loyal und ausgesprochen gut sind, binde ich beispielsweise an mich, indem ich ihnen Anteile an einer Company anbiete oder indem wir gemeinsam eine Company gründen. Mit Daniel, mittlerweile seit fünf Jahren einer meiner Leistungsträger, gründe ich gerade eine neue Firma, eine Ausgründung aus dem Bestseller Verlag. Daniel bekommt ein Drittel der Anteile und wird Geschäftsführer. Er hat mich nie nach Geld oder Karriere gefragt, aber ich sage mir: »Der Mann ist gut, ich möchte ihn gern fördern und fordern, deswegen mache ich so was.«

Der wichtigste Gedanke lautet also: Augen auf bei der Mitarbeiterauswahl! Stell Mitarbeiter ein, die intrinsisch motiviert sind, also einen natürlichen Leistungstrieb haben – und pass einfach nur auf, dass sie nicht demotiviert werden.

In unserer Organisation herrscht von Grund auf eine Leistungskultur. Die lebe ich vor, sie bildet die DNA unserer Unternehmen. Natürlich haben auch wir im Sales-Bereich ein Whiteboard stehen, auf dem man genau sieht, wer wie viel Umsatz gemacht, wie viel Geld verdient hat. Da gibt es auch ein Ranking von 1 bis 20. Nur eines machen wir nicht: Wir führen niemanden öffentlich vor. Niemand wird öffentlich kritisiert und runtergemacht. Das gibt es bei uns nicht, denn das wäre demotivierend.

Es gibt eine Story von einem Delfintrainer zum Thema: Was passiert, wenn der Delfin nicht macht, was er machen soll? Bekommt er dann kein Futter mehr, wird er geschlagen? Nichts dergleichen! In dem Fall bekommt er einfach weniger Aufmerksamkeit oder gar keine. Die anderen Delfine genießen die volle

Aufmerksamkeit ihres Trainers, und er eben nicht. Das reicht bei Delfinen, dass sie alsbald wieder spuren.

Auch wir kümmern uns in besonderer Weise um unsere Top-Leute. Unsere Leistungsträger, egal in welchem Bereich sie arbeiten, bekommen überdurchschnittlich viel Aufmerksamkeit. Ich erwähne sie öffentlich als positives Beispiel, ob in Social Media, auf der Bühne oder beim Mitarbeiter-Meeting. Ihnen biete ich Bühnen, im wahrsten Sinne des Wortes. Bei meinen Veranstaltungen hole ich einen von ihnen herauf, reiche ihm das Mikro und frage: »Erzähle mal, wie bekommst du das hin, so gut zu sein?«

Auch beim Jetstream-Meeting vor diesem exklusiven Kundenkreis verfahre ich so und frage auf offener Bühne: »Was macht dich erfolgreich, was können wir von dir lernen?« Das ist Anerkennung pur, und sie verfehlt keineswegs ihre Wirkung.

Wir haben beispielsweise einen Mitarbeiter im Sales, der dort schon lange Zeit als Setter fungiert. Als solcher qualifiziert er vor allem Kundenkontakte vor, und er macht das ausgesprochen gut. Als Setter bekommst du jedoch nur ein Fixum und hast keine Variable. Generell machst du kaum Abschlüsse, denn das obliegt normalerweise den Closern, so funktioniert halt unsere Arbeitsteilung.

Besagter Mitarbeiter hat bereits mehrfach gefragt: »Wann werde ich endlich Closer?« Wir gaben ihm zweimal die Chance, verschiedene Gespräche zu closen – und er bekam es nicht hin. Er weiß genau, worum es geht, aber er schafft es nicht, den Abschluss zu vereinbaren. Das ist so, als wenn du einen Abwehrspieler hast, der keinen Deut weniger fit ist als deine Stürmer und auch genau weiß, was ein Offensiver zu tun hat. Du postierst ihn allein vors gegnerische Tor, spielst ihm eine passgenaue Flanke zu – und er bekommt den verdammten Ball partout nicht im Tor versenkt. Er schafft es nicht, den erfolgreichen Abschluss zu closen.

Genauso lief das Ganze bei unserem Setter: Er bekam die Flanke, also ein gut vorqualifiziertes Gespräch – und vermochte einfach nicht, den Ball im Tor zu versenken, das Geschäft erfolgreich abzuschließen. Würden wir ihn zum Closer machen, verlören wir Geld. Wenn nun Menschen auf einmal sehen, dass sie etwas Bestimmtes nicht hinbekommen, besteht die Gefahr, dass sie woanders hingehen. Würde unser Mitarbeiter also in einen anderen Betrieb wechseln, um dort Closer zu werden? Der andere Betrieb hätte ja keine Ahnung davon, was er gut kann und was nicht.

Seine Führungskraft ließ mich wissen, dass besagter Mitarbeiter ein bisschen geknickt war. Klarer Fall, hier musste ich handeln! Eine Woche später hatten wir eine Veranstaltung und ich sprach genau diesen Mitarbeiter an: »Im nächsten Block kommst du auf die Bühne, mach dich bereit!«

Oh, vor so vielen Leuten! Ich spürte seine Aufregung. Wie angekündigt holte ich ihn auf die Bühne und ließ das Publikum wissen: »Hier ist unser erfahrenster und erfolgreichster Setter. Erzähle uns mal, was macht einen Setter aus? Worauf muss man bei der Auswahl eines Setters achten? Wie arbeitet, wie organisiert sich ein solcher? Wie machst du das, was können wir hierüber von dir lernen? Worauf muss man achten, wenn ein Setter mit einem Closer zusammenarbeitet?«

Ich wurde schließlich geradezu provokant und fragte ihn öffentlich: »Warum bist du eigentlich kein Closer? Warum ist deine Position so wichtig, vielleicht sogar noch wichtiger als die eines Closers?«

Und er erzählte vor versammelter Mannschaft, warum er Setter und in dieser Position am besten aufgehoben ist. Am nächsten Tag ließ mich seine Führungskraft wissen: »Dirk, der Mitarbeiter ist wie ausgewechselt!«

Er war genau das, weil er auf die Bühne kommen und dort erzählen konnte, er von mir Lob und Anerkennung erfuhr und ihm anschließend jede Menge Teilnehmer sagten: »Du bist echt ein geiler Typ! Super, was du da erzählt hast, ich habe dazu noch mal eine Frage.«

Mittlerweile ist seine Position restlos geklärt. Er will nicht mehr Closer werden, arbeitet als Setter megagut, und ich hole ihn einmal im Quartal während einer Veranstaltung auf die große Bühne, auf der er berichtet, was ihn so erfolgreich macht.

Es mag sein, dass das letztendlich dann doch Motivation ist. Aus meiner Sicht jedoch bedeutet es im Grunde genommen nur, jeden Mitarbeiter seinen Fähigkeiten, Talenten, Neigungen und Abneigungen entsprechend im Unternehmen auf die richtige Position zu setzen. Ich passe einfach auf, dass meine Leute nicht demotiviert werden, indem sie auf einmal Aufgaben übernehmen, die ihrem Wesen nicht entsprechen. Das nämlich hieße, ihre Demotivierung vorzuprogrammieren.

Auch und gerade, was mich selbst betrifft, habe ich mich noch nie gefragt: »Wer motiviert jetzt eigentlich mich?« Das wäre gerade in meinem Fall totaler Bullshit! Wer sich als Unternehmer so etwas fragt, befindet sich eindeutig in der falschen Position. Das wäre dann nämlich jemand, der reagiert – womöglich ein prima Angestellter, aber kein Macher. Als solcher übernimmst du ganz bewusst und mit allen Konsequenzen die Verantwortung für dein Leben, deine Ziele – da fragst du nicht: Wer motiviert mich jetzt? Ich brauche niemanden, der mich motiviert, denn ich motiviere mich selbst. Ja, ich baue mir die Welt, genau wie Pippi Langstrumpf, wie sie mir gefällt. Genau darin besteht meine von immenser Willenskraft stetig befeuerte Motivation.

Hinter dem QR-Code findest du die aktuellsten Informationen – Einfach scannen!

Jenseits jeden Leerlaufs

Dessen ungeachtet, lasse ich mich gern von anderen inspirieren, zum Beispiel durch Bücher. Sehr gerne lese ich Biografien beziehungsweise Autobiografien. Aus dem, was andere Menschen erlebt und getan haben, kannst du unheimlich viel lernen. Natürlich musst du dabei stets bedenken: Jede Biografie ist zugleich eine Handelsware. Natürlich wurde sie so geschrieben, dass sich das Werk gut verkauft. Das heißt, manche Dinge wurden womöglich weggelassen, andere ein wenig beschönigt. Dennoch, aus biografischen Lebensgeschichten nehme ich unheimlich viel mit, egal ob als Buch, Hörbuch oder Film.

Hierbei bevorzuge ich ausnahmsweise mal Mainstream-Produkte. Meine allererste Autobiografie las ich mit Anfang 20, es war die des US-amerikanischen Chrysler-Automanagers Lee Iacocca. Daran faszinierte mich der ganz tiefe Einblick in die Wirtschaft, wie ein Top-Manager denkt und wie der Alltag eines Top-Managers aussieht. Es war die Zeit des Kampfes zwischen Chrysler und Ford. Hochspannend!

Nahezu jeder hat sicher die Biografie von Steve Jobs gelesen, wobei ich hier gleich drei verschiedene verschlungen habe. Finde ich jemanden besonders toll, lese ich nicht nur ein Buch von ihm oder über ihn. Dann durchforste ich den Markt danach, was es zu dieser Person sonst noch gibt, recherchiere im Internet, schaue mir Videos, Interviews und sonstige Beiträge über diese Person an. Neben Steve Jobs waren das für mich unter anderen der wirklich großartige Selfmade-Milliardär Reinhold Würth, der italienische Unternehmer Gianluca Vacchi, Elon Musk, Muhammad bin Raschid Al Maktum – der Scheich von Dubai –, Donald Trump oder Sportler wie Lance Armstrong und Muhammad Ali. Bei Lance las ich schlichtweg alles, was über ihn und von ihm geschrieben wurde, sicherlich um die zehn Bücher.

Mitunter stoße ich auf Athleten, von deren Sportarten ich wenig Ahnung habe, die mich aber dennoch faszinieren, so zum Beispiel Kobe Bryant. Zu Lebzeiten interessierte er mich nie, weil ich mit Basketball nichts anfangen kann, aber der Typ hatte einfach ein unfassbares Mindset und eine Arbeitsmoral sowie eine wahnsinnige Selbstdisziplin, die mich tierisch beeindruckten. Ähnlich erging es mir mit Muhammad Ali. Ich habe nichts mit Boxen zu tun, aber auch sein Mindset, sein eigenes Marketing und sein Rückgrat waren schier unglaublich! Wie der sein Ding auch in schwierigen Situationen durchgezogen und immer an sich geglaubt hat, ist sensationell!

Was Musiker angeht, finde ich die Story von Elvis Presley megainteressant, dazu jene von Elton John, George Michael, Madonna und Michael Jackson. Sie alle sind Größen, die es über Jahre hinweg schafften, in ihrem Business ganz oben zu stehen. Mal für ein Jahr hochzukommen, ist die eine Sache, aber dauerhaft oben zu bleiben, erfordert eine Menge mehr.

Es gibt auch einige Film- und Serienfiguren, die mich motivieren, so zum Beispiel jene des Frank Underwood aus der Netflix-Serie *House of Cards*, verkörpert von Kevin Spacey. Der fiktive Charakter Frank Underwood und auch seine Frau beeindrucken mich tief. Nicht in allen Sachen, aber es gibt Seiten an ihm, bei denen ich sage: Der ist sehr zielorientiert und macht das alles geschickt! Er ist ein Taktiker und hat ein langfristiges Ziel, das er immer im Auge behält. Er ist mit seiner Frau in der Serie einfach das perfekte Paar. Zielerreichung und Mindset *par excellence*. Mitarbeiterführung, Loyalität und Leistungsbereitschaft in absoluter Reinform. Total beeindruckend!

In der Netflix-Serie *Suits* inspiriert mich die Figur des Harvey Specter. Auch an ihm begeistert mich nicht alles, aber bestimmte Szenen finde ich Wahnsinn! Er ist extrem kreativ, selbstsicher und gibt niemals auf. Bei ihm geht es immer weiter und weiter. Er lässt sich von Niederlagen nicht dauerhaft beeinflussen. Er ist ein absolutes Alphatier.

Das sind am Ende zwar »nur« fiktive Figuren, aber das ist mir egal. Auch in ihnen stecken jede Menge verdichtete Erfahrungen real existierender Menschen.

Was echte Menschen betrifft, beeindrucken mich neben Sportlern besonders Schauspieler, Verkäufer und natürlich Unternehmer beziehungsweise Führungskräfte. Ich sehe mir Filme, YouTube-Videos oder Serien über sie an, dazu kommen Hörbücher, Bücher, Magazine, Interviews oder Ausschnitte daraus. Oftmals sind es Zitate, die mich am meisten ansprechen. Ich funktioniere im Grunde wie eine Zitatmaschine – einmal gehört, brennen sie sich bei mir ein, und ich kann sie in der jeweils entsprechenden Situation sofort abrufen.

Fast ebenso stark springe ich auf Bilder an. Ein für mich ganz besonderes: Frank Underwood wird Präsident der Vereinigten Staaten von Amerika. Nachdem er den Schwur auf die Bibel abgelegt hat, geht er ganz allein ins Oval Office, stellt sich an den Schreibtisch des Präsidenten und genießt diesen Moment. Ich machte einen Screenshot davon, jene Momentaufnahme verdichtet all das, worauf Underwood konsequent wie kompromisslos hingearbeitet hatte. Wow, *das* motiviert mich!

Mich inspirieren Bilder von materiellen Dingen, Situationen, Menschen. Das kann neben dem eben geschilderten Augenblick im Leben der fiktiven Figur Frank Underwood auch das Foto eines Privatjets sein. In meiner Zeit als Triathlet motivierten mich vor allem Bilder von einsamen Straßen in der Natur. Ein Weg durch den Wald, eine Straße in die Berge, bei deren Betrachtung ich mir sagte: *Das* ist meine Laufstrecke, da will ich mit dem Rad rauffahren, das ist *meins*! Dazu hingen überall in meiner Wohnung Fotos von Lance Armstrong und Dave Scott an den Wänden.

Heute sprechen mich andere Bilder an, aber ich bin nach wie vor ein sehr visueller Typ – egal, ob es sich um Fotos oder erzählte Bilder handelt. Bildlich wirken ja auch Geschichten, Situationen aus deinem Leben – auch sie speichere ich visuell ab, sofern sie motivierend auf mich wirken. Es gibt da eine Werbung von

NetJets, einem Privatjet-Anbieter. Darin sind ein Privatflieger, ein Mann, eine Frau mit zwei Kindern auf dem Weg zum Jet zu sehen. Wie toll ist das, wenn du mit deiner Familie solch einen Flieger buchen kannst und durch keinerlei Kontrollen musst. Und zwei Stunden früher musst du auch nicht da sein.

Bei vielen Menschen übernimmt diese Rolle die Musik. Nun ist beispielsweise *Eye of the Tiger* aus *Rocky III* auch für mich ein megacooler Song – aber dennoch nichts, was mich besonders motiviert. Wobei Musik auch für mich eine große Rolle spielt. Beim Sport zum Beispiel höre ich sehr gern AC/DC. Nicht oft, aber einmal in der Woche heißt es bei mir: Kopfhörer auf, meine fünf, sechs Lieblingssongs von AC/DC als Dauerschleife in voller Lautstärke aufs Ohr, und los geht's an den Gewichten. Das ist der Wahnsinn, diese akustische Untermalung sorgt mit dafür, dass ich mich völlig auf meinen Sport fokussiere.

Fokus ist für mich generell ungeheuer wichtig. Ich gehe nie ins Gym und höre dort Podcasts. Das würde mich ablenken, das bringt mir nichts. Im Gym höre ich immer nur Musik. Entweder jene, die dort läuft, weil es ein gutes Gym ist, oder halt das, was ich mir auf die Kopfhörer packe. Kopfhörer auf den Ohren verbildlicht zugleich: Sprich mich nicht an, ich bin gerade in meiner Welt, lass mich in Ruhe! Ein bisschen mehr als eine Stunde genieße ich diese Abgeschiedenheit. Danach bin ich wieder für den Rest dieser Welt zu haben, aber jetzt befinde ich mich in meiner Welt.

Paddele ich indes mit dem Surfbrett aufs Meer, habe ich nie was auf den Ohren. Da bin ich ganz bewusst allein mit der Natur.

Alle Bücher, die ich in den letzten Jahren gelesen habe, waren übrigens Empfehlungen aus meinem Umfeld. 90 Prozent sind auf Englisch, nur noch 10 Prozent auf Deutsch. Das hat natürlich auch berufliche Gründe. Meine Kunden erwarten schließlich Inspiration von mir, da muss ich außerhalb der ausgetretenen Pfade recherchieren. Die meisten wirklich guten Sachen, die nicht dem Mainstream entsprechen, erscheinen nun mal auf Englisch.

Allerdings lese ich nur noch ganz wenige Bücher bis zum Ende. Früher sagte ich mir: Es ist einfach meine Ehrenbezeugung an den Autor, ein Buch von vorn bis hinten zu lesen. Heute gehe ich hier, wie schon erwähnt, viel selektiver vor: Ich teste ein, zwei Kapitel an, und nur wenn die passen, lese ich weiter. Für alles andere ist mir meine Zeit mittlerweile einfach zu wertvoll.

Auch hier befrage ich gern mein Netzwerk: »Warum ausgerechnet dieses Buch? ... Okay, klingt gut, welches sind die starken Kapitel? ... Was ist mit dem Rest?« Den jeweiligen Informationen folgend, gehe ich rein.

Zudem halte ich große Stücke auf Buch-Zusammenfassungen. Es gibt hier verschiedene Anbieter wie getAbstract oder Blinkist, dort kannst du dir eine Buchzusammenfassung in zehn Minuten anhören. Eine coole Sache: Du gehst 90 Minuten spazieren, und währenddessen hörst du neun Zusammenfassungen. Danach weißt du: Okay, bei dem Buch reicht mir die Zusammenfassung, jenes lese ich auf gar keinen Fall oder aber: Die Zusammenfassung war schon so spannend, jetzt lese ich das Buch! Buchzusammenfassungen erweisen sich mir ebenfalls als ein ausgesprochen guter Filter.

Früher las ich viel, viel mehr, aber auch heute noch finde ich immer wieder Gelegenheiten. Dass dem so ist, dafür sorge ich durch mein Zeitmanagement. Schon seit Jahren habe ich bewusst keinen Fernseher mehr, und fragen mich Leute: »Wo nimmst du bloß die Zeit für all das her?«, sollten sie einfach mal ihren Fernseher abschaffen, dann hätten sie auf einen Schlag viel mehr Zeit. Netflix oder etwas in der Art sehe ich mir auf meinem Notebook an. Das geht vom Visuellen her zigmal besser, aber darum geht es mir nicht. Ich will einfach keinen Fernseher, denn ich mag nicht in Gefahr geraten, viel Zeit vor dem Kasten zu verbringen.

Auf längeren Autofahrten habe ich in der Regel ein Hörbuch oder einen Podcast auf dem Ohr. In Dubai fahre ich allerdings kaum noch Auto. Als ich mir hier einen neuen Wagen kaufte, hatte der nach einem Jahr nicht mal 10.000 Kilometer auf dem

Tacho. Früher in Deutschland fuhr ich zwischen 40.000 und 70.000 Kilometer – es ist irre, wie viele Stunden ich im Auto verbrachte! Zudem fahre ich heute zumeist nicht mehr selbst. Ich habe einen Fahrer und sitze dann im Fond des Wagens, um während der Fahrt meine WhatsApp-Nachrichten zu checken oder Social-Media-Beiträge fertigzustellen. Die Gelegenheiten, mir im Auto ein Hörbuch anzuhören, sind also recht selten geworden. Das passiert nur noch ein paar Tage im Jahr.

Nehme ich mir mal einen Vormittag frei und gehe am Strand spazieren, höre ich zumeist einen Podcast. Dieses Format ist mir noch lieber als Hörbücher. Ich mag einfach dieses Rohe, ungeschnittene Echte eines Podcasts.

Auf Reisen habe ich nach wie vor immer mindestens ein Buch dabei, damit ich nicht leerlaufe. Leerlauf erlebe ich wirklich so gut wie nie. Einfach nur am Pool herumliegen, so was gibt es bei mir nicht. Wir haben hier einen schönen Pool, der zum Burj Khalifa gehört. In den vier Jahren, in denen wir jetzt in Downtown leben, war ich genau dreimal darin schwimmen.

Okay, die Content-Recherche für einen neuen Onlinekurs erledige ich mitunter im Liegestuhl, was vielleicht zweimal im Jahr vorkommt. Zwischen zwei Meetings habe ich manchmal etwas Leerlauf, oder ich nehme mir mal bewusst Zeit dafür, gern verbunden mit Bewegung. So mag ich zum Beispiel diese modernen Elektroroller. Ich habe vier Stück, und ist mir danach, fahre ich auf einem von ihnen durch Dubai. Auf diesen Touren erkunde ich neue Stadtteile und habe schon etliche Orte entdeckt, die niemals ein Tourist zu sehen bekommt. Zum Beispiel kommst du mit dem Roller ganz nah an den Hauptpalast vom Scheich heran, in dem er mit seiner Familie lebt. Dort gibt es ganz viele Pfauen. Die siehst du von außen mit dem Auto nicht, da du da nicht vorbeikommst. Es gibt auch immer wieder neue Stadtteile, die noch nicht fertig gebaut sind. Dann fahre ich mit dem Roller auf die Baustelle und sehe mir diese Stadtteile, die anhängenden Strände und die wunderschönen Häuser an, die dort entstehen. Also, ein klein wenig Entspannung gönne ich mir bei aller Arbeit dann schon. Mal ist es der morgendliche Strandspaziergang, ein anderes Mal die Tour mit dem Roller, eine Stunde im Gym oder ich paddle mit dem Surfbrett aufs Meer hinaus.

Kapitel 10

Was kommt jetzt noch?

Ein Blick in die Zukunft

Ich bin schon überall in der Welt herumgekommen und reise nach wie vor sehr viel – dennoch ist Dubai für mich der schönste Platz auf diesem Planeten. Keine Kriminalität, nur freundliche Menschen, und mit genügend Geld kannst du hier ein unfassbares Leben führen. Auch das Wetter am Persischen Golf ist genau meine Kragenweite. Es herrscht einfach eine ganz andere Stimmung, wenn du über 300 Tage im Jahr zusammen mit der Sonne aufstehst.

Was mein Unternehmen betrifft, will ich unbedingt internationalisieren. Im deutschsprachigen Markt habe ich sehr viel erreicht. Gemessen an den Umsätzen, also dem Feedback des Marktes, bin ich schon jetzt weiter gekommen als jeder andere Trainer vor mir, ausnahmslos jeder! Das gilt nicht nur für Deutschland, sondern für ganz Europa. Weder in Frankreich noch in Spanien sehe ich in meiner Branche einen wirklich Großen. In Großbritannien gibt es ein paar, aber auch sie sind längst nicht da, wo ich stehe.

Anstatt zu rufen: »Hurra, ich bin der König in Deutschland!«, zünde ich jetzt die nächste Stufe, das heißt, ich werde wieder Schüler, und zwar international. Der englischsprachige Markt ist vierzigmal größer als der deutschsprachige, da will ich rein! Ich kann noch vielen Menschen helfen und bin noch jung. Schließlich habe ich problemlos noch 15 oder 20 gute Jahre vor mir, in denen ich mit voller Kraft produktiv sein kann.

Unsere Internationalisierung vollzieht sich in erster Linie digital. Ich habe nicht vor, irgendwelche Seminare Gott weiß wo abzuhalten. Es kann durchaus sein, dass ich das in zwei Jahren wieder revidiere, aber im Moment geht es mir vor allem darum, ganz, ganz viele Menschen mit digitalen Produkten zu erreichen. Das können Onlinekurse oder ein Mentoringprogramm sein, und auch in der Jetstream Membership wird es, wie bereits erwähnt, nächstes Jahr neben der deutschsprachigen eine englischsprachige Gruppe geben. Mit ihr will ich vor allem die Menschen hier vor Ort erreichen. Viele sprechen mich an: »Ich höre und sehe immer so viel von dir, lese immer die Untertitel, die Übersetzung – wann bietest du endlich mal was auf Englisch an?«

»Mach ich!«, rufe ich ihnen zu, »kommt und seid dabei!«

Was meinen Lebensmittelpunkt angeht, sage ich: In Dubai bleiben? Auf jeden Fall! Im Burj Khalifa langfristig allerdings nicht. Mich fasziniert dieses Gebäude, und der Ausblick am Morgen wie am Abend aus meinem Appartement. Einfach nur grandios! Mein großer Traum ist jedoch ein schönes Haus direkt am Meer: Du gehst vor die Tür, durch den Garten gelangst du zum Strand und stehst mit den Füßen im Meerwasser – stehst einfach da und spürst, wie die Wellen reinrollen. Das ist meins! Das heißt, wir werden wohl demnächst in Dubai noch mal umziehen.

Wie groß meine Unternehmen in Deutschland und international zukünftig werden, weiß ich nicht. Aber ich habe mittlerweile verstanden, dass der Umsatz und die Anzahl meiner Mitarbeiter in einem direkten Verhältnis zueinander stehen. Also werde ich definitiv weitere Mitarbeiter einstellen. Meine Beteiligungen an anderen Unternehmen sowie gemeinsame Firmengründungen mit Partnern laufen ebenfalls gut, auch das werde ich also weiter ausbauen. Da kommen sicher jedes Jahr noch zwei, drei neue Firmen hinzu, an denen ich mich beteilige. Ich werde dort nicht operativ tätig, wohl aber strategisch mitmischen.

Eines wird es definitiv nicht geben: einen Dirk Kreuter als Rentner. Bewundere ich doch vor allem Menschen, die auch im hohen Alter ihrer beruflichen Leidenschaft folgen. Wolfgang Grupp ist mit über 80 noch voll im Geschäft, Tony Robbins mit mittlerweile 63, Dieter Bohlen ist 69, *so what*! Sie und etliche andere Größen beweisen: Wenn du ordentlich mit deinem Körper umgehst und die richtigen Ziele hast, wäre es blanker Unsinn, sich in den Ruhestand zu begeben. Kurzum: Rente ist so gar keine Option in meiner Welt, nicht in diesem Leben! Solange es Spaß macht, bleibe ich am Ball. Sollte es irgendwann einen Moment geben, an dem es mir mal keinen Spaß mehr macht, lege ich halt eine Pause ein. Wie ich mich kenne, werde ich jedoch nach zwei, drei Wochen mein volles Berufsleben wiederhaben wollen.

Meine Unternehmen irgendwann jemandem zu übergeben, ist natürlich schwer, weil das Ganze eine Personenmarke und auf meine Person ausgerichtet ist. Natürlich beobachte ich die Modelle, die es hierzu gibt. Tony Robbins hat beispielsweise schon alles vorbereitet. Ich weiß, wie er es macht, und könnte es genauso handhaben. Er ist immer nur die Hälfte der Zeit auf der Bühne. Er setzt zusätzlich andere Referenten ein, die exklusiv für ihn tätig sind. Seit 30 Jahren werden alle Sachen und Inhalte, die Tony Robbins auf seinen Seminaren erzählt, digital erfasst. Sein Team arbeitet daran, diese Aussagen in eine KI einzuspeisen. Diese soll auf Dauer die gleichen Antworten geben, die Tony Robbins geben würde. Das machen wir auch bereits seit 2005. Meine Vorträge werden als Video mitgeschnitten und archiviert. Damit wollen wir eine KI infiltrieren und füttern, die in Zukunft vielen Verkäufern sehr hilfreich sein wird. Natürlich kommen die Leute auch zu meinen Seminaren, um dort *mich* zu sehen und zu erleben. Biete ich jedoch irgendwann Seminare an, die von anderen Referenten gehalten werden, werden die Leute trotzdem kommen, weil sie meiner Empfehlung vertrauen. Das läuft dann wie jetzt mit unserer PR-Agentur. Die Menschen buchen bei uns, weil sie mir vertrauen und sagen: »Okay, wir kennen Carsten Borgmeier noch nicht, aber Dirk vertraut ihm und findet ihn gut, also machen wir das!«

Genauso läuft es im Grunde bei allen meinen Beteiligungen. Auch hier obliegt mir eigentlich nur die Aufgabe, Marketing und Sales anzustoßen. Das kann ich am besten, das mache ich am liebsten.

Privat würde ich nicht ausschließen, dass ich noch mal Nachwuchs bekomme. Sollte es passieren, freue ich mich. Falls nicht, ist auch alles gut, schließlich habe ich bereits zwei Kinder. Ich könnte mir jedenfalls gut vorstellen, eines schönen Tages mit dem Kinderwagen durch Downtown Dubai spazieren zu gehen.

Nach wie vor probiere ich jedes Jahr eine neue Sportart aus. Zum letzten Jahreswechsel kam das Wakesurfen hinzu: auf der Heckwelle eines Motorboots mit einem kleinen Surfboard die Welle reiten. Damit begann mein 2023, und ich kenne noch etliche Sportarten, die ich toll finde und ausprobieren will.

Was das Reisen angeht, gibt es noch einige Orte, die ich sehen will, das arbeite ich alles sukzessive ab. Vor zwei Jahren besuchte ich zum Beispiel erstmalig das Colosseum in Rom. Zuvor hatte ich mir den Film *Gladiator* angeschaut – und sofort entschieden: Wow, da muss ich unbedingt mal hin! Ich will sehen, wie dieser Ort wirklich aussieht, um vor Ort in die Geschichte der Gladiatoren einzutauchen!

Diesen Sommer will ich nach Tahiti. Dort gibt es eine der gefährlichsten Riesenwellen dieses Planeten samt alljährlichem Surf-Contest. Dorthin kommen die besten Surfer der Welt, und auch ich will diesen Wellenreiten-Contest erleben. Ich will hier um Himmels Willen nicht selbst surfen! Das wäre Selbstmord, denn diese Wellen sind haushoch! Aber du kannst mit einem Motorboot ganz nahe ans Geschehen heranfahren und siehst quasi hautnah, was dort passiert. Dieses Event steht schon länger auf meinem Zettel jener Dinge, die ich noch machen will. Allein schon die Reise bedeutet einen Riesenaufwand für uns. Tahiti liegt auf der anderen Seite der Welt. Egal, ob wir über Australien oder die USA fliegen, es ist die gleiche Distanz. Dennoch, Tahiti steht ganz weit oben auf meiner Liste.

Ebenfalls auf ihr vermerkt ist die Erfüllung eines Jugendraums: Mindestens einmal will ich den Ironman Hawaii bestreiten. Ich habe das jetzt erst mal auf unbestimmte Zeit nach hinten verschoben, denn ein derartiges Vorhaben kannst du nicht nebenher verwirklichen. Allein schon die Qualifikation für das berühmteste Langstrecken-Rennen auf diesem Planeten ist extrem anspruchsvoll. Durch das enorm intensive Training kannst du ein halbes Jahr nur noch halbtags arbeiten. Deshalb ist das im Moment nicht sinnvoll für mich, ich bin einfach noch viel zu ehrgeizig, was meine beruflichen Pläne betrifft. Aber die Zeit arbeitet für meinen Traum. Alle fünf Jahre kommst du in eine höhere Altersklasse, was bedeutet: Alle fünf Jahre wird die Qualifikation etwas leichter. Mit 60 oder 65 bietet sich mir also durchaus noch die Möglichkeit, die Qualifikation für den Ironman Hawaii und auch das Rennen selbst zu bestehen. Ich habe die Distanz schon dreimal bestritten – weiß also genau, wie sich das anfühlt und wie es funktioniert. Das Ganze hängt extrem vom Kopf ab, gar nicht so sehr vom Körper. Der muss mitspielen, aber am Ende ist es eine Kopfsache.

Wie auch immer, der Ironman Hawaii steht in meinem Ziele-Buch! Ich könnte dort nie hinfahren, um nur zuzusehen, denn das würde mir das Herz zerreißen. Wohl aber habe ich vor, dieses Projekt mit 60 oder 65 anzugehen – und zuvor die erforderlichen sechs Monate lang konsequent darauf hinzuarbeiten.

Habe ich noch etwas vergessen? Ach ja, den Tod, das Ende meiner irdischen Existenz. Ihn stelle ich mir so vor: Jemand knipst das Licht aus, zieht den Stecker – und alles ist vorbei. Vielleicht ist das Ganze ein bisschen so, als wenn du einschläfst. Bin ich abends müde, lege ich mich ins Bett, mache die Augen zu – innerhalb von einer Minute bin ich weg, sofern ich überhaupt so lange brauche. Irgendwann schlafe ich womöglich ein und wache nicht mehr auf.

Wüsste ich, meine irdische Existenz ist morgen vorbei, würde ich aus tiefstem Herzen ausrufen: »War das ein geiles Leben! Ich habe so viele Sachen erlebt, wie es die meisten Menschen in drei Leben nicht hinkriegen!«

Am liebsten wäre es mir, wenn es aus vollem Lauf heraus passiert. Eine Krankheit wäre natürlich fatal. Sähe ich, wie ich Stück für Stück auf den Tod zugehe, wäre das einfach nur furchtbar! Hier gehörte ich zu denjenigen, die dem Ganzen im Zweifelsfall selbst ein Ende bereiten. Wüsste ich genau, da ist keine Perspektive mehr, würde ich alles Erforderliche ordentlich vorbereiten und einen Haken dran machen.

Ich bin allerdings der festen Überzeugung, dass es für die meisten Krankheiten eine Lösung gibt. Stichwort Stammzellen – ein Thema, das ich vor vier Jahren kennen lernte. Du musst schon mehrere Zehntausend Euro ausgeben, um so eine Stammzellen-Kur zu bekommen, kannst dadurch aber sehr viele altersbedingte Herausforderungen meistern.

Es gibt einen Spruch, der da lautet: Am liebsten möchte ich mit 102 beim Joggen von einem Lkw überfahren werden. Das wäre cool – und was steckt alles da drin? Ich bin 102 geworden, kann noch joggen, und es war ein schnelles Ende. Aber bis dahin gibt es für mich noch eine Menge zu tun. Letztens hatten wir auf der Bühne unserer Vertriebsoffensive eine ganz große Leuchtschrift: »Hashtag Wachstum«. Meine Mission geht weiter ...

Der QR-Code öffnet die Tür zu aktuellen Infos – einfach einscannen.

Mentoring

Ich habe mir oft gewünscht, dass ich früher einen Mentor gehabt hätte. So oft dachte ich: Wenn ich jemanden gehabt hätte, der mir sagt, dass das, was ich da gerade tue, Unsinn ist, dann wäre ich viel schneller erfolgreich geworden ... Die Vergangenheit kann man nicht ändern, aber ich kann anderen erfolgshungrigen Menschen ein Mentor sein, damit sie ihre Ziele noch schneller erreichen! In meinem Mentoring-Programm bekommst du nicht nur meine Insider-Tipps, sondern kannst deine Fragen direkt an Experten meines Teams aus den unterschiedlichsten Bereichen stellen. Erfahre jetzt, was dich im Mentoring-Programm erwartet.

Jetstream

Du bist bereits erfolgreich, aber willst deine Grenzen sprengen und das nächste Level erreichen? Dein Umfeld macht einen der wichtigsten Erfolgsfaktoren aus. Hätte ich mein Umfeld nicht an meine Ziele angepasst und meinen Teich verlassen, dann wäre ich heute nicht da, wo ich bin. Mich mit Menschen zu umgeben, die genauso ein Growthmindset haben wie ich, war eine der wichtigsten Entscheidungen meines Lebens. Wenn du bereit bist, über dich hinauszuwachsen und noch mehr Attacke zu machen, dann erfahre jetzt, ob die Jetstream Membership das Richtige für dich ist.

Shop

Weiterbildung ist ein fortlaufender Prozess. Wenn du stehen bleibst, dann bist du in einem Jahr nicht mehr an der gleichen Stelle. Du bist weit zurück, hinter deinen Mitbewerbern! Da es immer wieder neuen, wertvollen Content gibt, der dich und dein Unternehmen voranbringt, findest du in meinem Onlineshop regelmäßig neue Produkte. Ob Bücher, Journale, Seminare oder Onlinekurse, es gibt für dich garantiert das Richtige Format für deine Weiterbildung und Persönlichkeitsentwicklung. Schau am besten direkt rein und entdecke Expertenwissen, das du so nicht auf dem Markt findest.

Gewinnspiel

Du hast meine Biografie in der Hand und dafür danke ich dir! Es freut mich ungemein, dass du bereit bist, dich auf diese Reise mit mir zu begeben und dich weiterzuentwickeln. Nun, lass uns einen Schritt weitergehen! Ich habe eine kleine Herausforderung für dich. Scanne den QR-Code und fülle den kurzen Fragebogen aus, der sich öffnet. Dies ist deine Eintrittskarte zu einem spannenden Gewinnspiel. Aber sieh es nicht einfach als Gewinnspiel. Sieh es als Chance, deine Komfortzone zu erweitern, dich zu engagieren und dich herauszufordern. Denn das ist der Schlüssel zum Erfolg, nicht wahr? »Der Unterschied zwischen dem, der du bist und dem, der du sein willst, ist das, was du tust.« Also, pack diese Gelegenheit beim Schopf, nutze den QR-Code und fülle den Fragebogen aus. Wer weiß, vielleicht wartet am Ende mehr auf dich als nur ein Gewinn.

Attacke
Dein Dirk

Über die Autoren

Dirk Kreuter

Dirk Kreuter ist Europas bekanntester Verkaufstrainer. Als Experte für Vertrieb, erfolgreiches Unternehmertum, Skalierung und Digitalisierung blickt er auf über 30 Jahre Erfahrung zurück. Mit seinem Fachwissen konnten er und seine über 150 Mitarbeiter bereits über 79.000 Unternehmen und 121.000 Selbstständigen helfen, ihren Umsatz zu maximieren und immer weiter zu wachsen. Kreuter ist bekannt für seine zeitgemäßen, erfolgreichen Akquisestrategien, die hochwirksam sichtbare Resultate erzielen. Er coacht die bekanntesten Unternehmer, unterstützt Konzerne und gilt als einer der gefragtesten Speaker. Was seinen Erfolg ausmacht: das zielführende Mindset.

Christian Schommers

Christian Schommers ist Medienunternehmer, Bestseller-Autor und Biograf (unter anderem Boris Becker: *Das Leben ist kein Spiel*, Kevin-Prince Boateng: *Ich, Prince Boateng*). Als gelernter Journalist war er über zwanzig Jahre bei SKY, GALA, BILD, BRAVO, BUNTE, SPORTBILD und CLOSER tätig. Nach seinen Aufgaben und Positionen als Kolumnist, Reporter, Chefreporter und Führungskraft in diversen Chefredaktionen machte sich der Wahl-Hamburger mit seiner eigenen PR- und Kommunikationsagentur CSC – Christian Schommers Consulting – selbstständig.